Science

Chez le même éditeur :
Philosophie - Comprendre les plus grands philosophes qui ont marqué notre histoire

Titre original : ShortCut Science

Traduit et adapté de l'anglais par Antonia Leibovici

Conçu et produit par
Elwin Street Limited
144 Liverpool Road
London N1 1LA
www.elwinstreet.com

Illustrations : Eva Tatcheva

ISBN : 978-2-84933-252-8
www.editions-tredaniel.com
info@guytredaniel.fr

Imprimé en Chine

Peter Moore & Mark Frary

Science

Comprendre les plus grands scientifiques qui ont marqué notre histoire

Édition Contre-Dires
19, rue saint Séverin
75005 Paris

Sommaire

Introduction

La science, manière de réfléchir, a abouti à des résultats remarquables. Sa méthode, qui tente de comprendre le monde dans lequel nous vivons en posant des questions, mais aussi en réalisant des expériences soigneusement conçues, a permis à l'homme d'explorer l'intérieur des atomes infimes et de sonder les vastes étendues de l'espace.

Les choses n'ont pas toujours été ainsi. Les philosophes d'antan s'efforçaient de découvrir les mécanismes du monde et du ciel en posant des questions, puis en dialoguant et en argumentant pour trouver des réponses. Ceux persuadés que l'étude des objets physiques offrait quelque chose d'utile étaient bien rares. Jusqu'au XVIIe siècle, peu de tentatives de mesurer les choses avec précision ont pris place. Il y a cependant toujours des exceptions. Quelques figures essentielles ont ouvert la voie en réalisant des études extraordinairement détaillées des aspects les plus cruciaux de notre univers.

Nous présentons ici une cinquantaine des hommes de science auxquels on doit des découvertes remarquables, nous concentrant à chaque fois sur leurs contributions majeures. Vous verrez comment tout cela a conduit à une meilleure compréhension de concepts tels que la composition des gaz, l'électricité et son utilisation en tant que source de pouvoir, le combat contre les bestioles microscopiques causant l'infection. L'impact de leurs découvertes affecte la vie quotidienne jusqu'à ce jour.

Les progrès de la science ont été énormes, et les applications, colossales. Ce livre rend accessibles et passionnantes les découvertes essentielles, en plus de rappeler que les nouvelles idées, bien que difficiles à prédire, peuvent naître tout simplement demain.

150

Ptolémée *Geographia* (*Géographie*) (v. 150)

1525

Copernic *De revolutionibus orbium coelestium* (*Des révolutions des orbes célestes*) (1543)

1550

Tycho Brahe *De nova stella* (*Sur la nouvelle étoile*) (1573)

1575

Johannes Kepler *Mysterium Cosmographicum* (*Le mystère cosmographique*) (1596)

1600

Galileo Galilei *Sidereus Nuncius* (*Le messager des étoiles*) (1610)

1625

1700

1800

Fredrich Bessel *Fundamenta Astronomiæ* (*Éléments d'astronomie*) (1818)

1900

Abbé Lemaître « Un univers homogène de masse constante et de rayon croissant rendant compte de la vitesse radiale des nébuleuses extragalactiques » (1927)

1925

1930

Karl Guthe Jansky *Radio waves from outside the solar system* (*Ondes radio provenant de l'extérieur du système solaire*) (1933)

1935

Edwin Hubble *The Observational Approach to Cosmology* (*Approche observationnelle de la cosmologie*) (1937)

1940

1980

Stephen Hawking *A Brief History of Time* (*Une brève histoire du temps*) (1988)

Astronomie

Le ciel nocturne, le canevas de velours noir parsemé de diamants scintillants, a inspiré les penseurs dès l'aube des temps. Depuis les premiers observateurs des « étoiles errantes » de nos cieux jusqu'aux astrophysiciens modernes, les savants se sont plongés dans l'étude de l'astronomie, dans une tentative de comprendre la place de la Terre dans l'univers.

Le système solaire

La Terre est une planète, petite mais remarquable, située au milieu d'un système solaire petit et probablement anodin, au fin fond d'une galaxie de taille moyenne, une parmi les milliards de l'univers. Le comprendre a été un vrai tour de force.

Lorsque le célèbre astronome Nicolas Copernic (1474-1543) a regardé le ciel, il a eu une vision cruciale : au lieu d'accepter le concept antique de la Terre au centre de l'univers, il a montré qu'une autre explication était possible, où le Soleil se trouvait au centre. Quand Johannes Kepler est arrivé à prouver la théorie de Copernic en 1621, l'idée du système solaire est devenue irréfutable.

Même ainsi, beaucoup restait à découvrir. Au début du XVIIe siècle, les astronomes ne connaissaient que huit corps célestes : le Soleil, Mercure, Vénus, la Terre et sa Lune, Mars, Jupiter et Saturne. Uranus a été découverte en 1781 suite aux observations de William Herschel, Neptune a été vue pour la première fois par Johann Gotfried Galle en 1846, Pluton par Clyde Tombaugh en 1930.

Au cours de cette période, des « lunes » tournant autour de plusieurs planètes ont été peu à peu aperçues. En 1610, Galilée a découvert Callisto, Europe, Ganymède et Io tournant autour de Jupiter, exploit remarquable, même s'il n'a pas vu les 21 autres satellites de cette lointaine planète.

À chaque fois qu'on a une meilleure image du système solaire, d'autres objets à nommer et à étudier sont découverts. Les sondes *Voyager* lancées en 1977 ont progressivement traversé le système solaire, passant près de plusieurs planètes. Entre 1985 et 1989, *Voyager* 2 a transmis des informations sur seize objets majeurs nouvellement identifiés dans le système solaire, portant le total connu à 71.

Situé à environ six milliards de kilomètres, Pluton est la planète la plus éloignée du Soleil. En fait, étant donné sa petite taille et son orbite très elliptique, son statut de planète a été questionné.

Le Soleil, avec toutes ces planètes qui gravitent sous sa gouverne, prend encore le temps de mûrir une grappe de raisin comme s'il n'y avait rien de plus important.

Galileo Galilei

Cependant, comme Pluton orbite le Soleil, il fait indubitablement partie du système solaire.

Commençant à comprendre les complexités de notre système solaire, les astronomes ont réalisé que ce n'est là que le début. Chaque étoile dans le ciel est un autre soleil, bon nombre entourés de planètes. Notre système solaire est situé dans l'un des bras en spirale d'une galaxie de taille moyenne, la Voie lactée. D'un diamètre de 100 000 années-lumière, elle comporte quelque 100 millions d'étoiles. Le Soleil tourne autour du centre de la galaxie, achevant une rotation tous les 225 millions d'années. La Voie lactée n'est qu'une galaxie parmi les milliards d'autres de l'univers, dont certaines comportent jusqu'à trois trillions d'étoiles. À cette échelle, notre système solaire est infime, malgré l'importance qu'il a pour nous.

Claude Ptolémée
Cartographier le monde connu

À l'époque de Ptolémée, l'idée dominante affirmait que la Terre était au centre de l'univers. Pour certains, cela reposait sur des convictions religieuses, pour d'autres, sur des arguments philosophiques. Ptolémée avait entrepris de réunir tous les précédents calculs, observations et théories, afin de montrer le fonctionnement d'une telle vision géocentrique.

En regardant les planètes, les astronomes avaient réalisé que celles-ci ne traversaient pas sans à-coups le ciel sombre nuit après nuit, mais qu'à certains moments elles semblaient rester un moment immobiles, ou même aller à reculons. Selon Ptolémée, ce phénomène était dû au fait que si les planètes tournaient autour de la Terre en cercles au centre proche du centre de celle-ci, elles suivaient aussi ce qu'il nommait « épicercles ».

Ptolémée avait réussi à lier mathématiquement les lignes et les angles. Le théorème portant son nom met en évidence une série fixe de relations entre les diagonales d'un quadrilatère inscrit dans un cercle et sous-tend maintenant une bonne partie de la trigonométrie moderne.

Son système se servait des travaux des astronomes grecs et babyloniens comme Hipparque (v.190-v.120 AV. J.-C.) et prônait l'existence de 80 orbites différentes, dont la combinaison produisait le modèle céleste vu depuis la Terre. Ce modèle a subsisté tel quel jusqu'en 1543, date à laquelle l'astronome polonais Nicolas Copernic a publié son concept héliocentrique.

En plus de ses travaux d'astronomie, Ptolémée a été l'un des premiers cartographes du monde. Certain de la nature sphérique de la Terre, il avait développé des méthodes géométriques de projection d'une sphère sur une surface plate. Il a inclus les coordonnées de latitude et de longitude pour toute caractéristique d'une carte, permettant ainsi sa reproduction à n'importe quelle échelle. Vers 1500, sa *Géographie* était si en avance sur son temps qu'elle est restée un travail de référence, en partie responsable du départ de Colomb (1451-1506) vers l'ouest en quête des Indes. Colomb pensait que le voyage allait être bref, car la mappemonde de Ptolémée ne montrait qu'une petite étendue d'océan, sous-estimant la taille de la Terre et surestimant la taille de l'Asie.

Né
v. 90,
Alexandrie, Égypte

Décédé
v.168,
Alexandrie, Égypte

Les mappemondes révolutionnaires créées par **Ptolémée**, comportant des coordonnées de latitude et de longitude, montrent environ un quart de la surface du monde, des îles Canaries à l'ouest à la Chine à l'est et de l'Arctique à l'Afrique équatoriale.

Nicolas Copernic

Changer la vision de la Terre

Né
1473, Torun, Pologne

Décédé
1543, Frombork, Pologne

Au IIIe siècle AV. J.-C., l'astronome grec Aristarque de Samos avait déjà avancé la théorie de l'héliocentrisme – l'idée que le Soleil est au centre du système solaire. Toutefois, cette idée n'a été acceptée qu'à l'entrée en scène de Nicolas Copernic, auteur d'un modèle mathématique du fonctionnement d'un tel système solaire.

À l'époque de Copernic, deux théories sur le fonctionnement de l'univers existaient. La première, due à Aristote (384-322 AV. J.-C.), reposait sur l'idée que les étoiles étaient placées sur une sphère ou une série de sphères fixes avec la Terre en leur centre ; la seconde, due à Ptolémée (100-170), reposait elle aussi sur les sphères, leur ajoutant cependant des cycles compliqués pour expliquer le mouvement visible de certaines planètes qui semblaient parfois reculer dans le ciel.

En 1497, après plusieurs années passées dans diverses universités d'Europe à étudier les arts, la médecine et le droit canon, Copernic était devenu chanoine de la cathédrale de Frombork. Son intérêt pour l'astronomie avait été éveillé à l'université de Cracovie. La même année où il était devenu membre du clergé, il avait observé le passage de la Lune devant l'étoile Aldebaran de la constellation du Taureau. Ses observations l'avaient fait douter de l'idée d'un univers centré sur la Terre.

Les années suivantes, Copernic avait réalisé une série d'observations méticuleuses du Soleil et des planètes, confirmant l'aberration de la vision géocentrique de l'univers. Il avait publié un petit opuscule, présenté uniquement à ses proches relations, le *Commentariolus*, prônant ses idées. Peu après, il avait commencé à travailler sur un modèle détaillé de l'héliocentrisme, qui a mis toutefois trente ans pour voir le jour.

On pense souvent que l'Église catholique s'opposait à l'idée hérétique d'un univers centré sur le Soleil, mais cela est faux. Le pape Clément VII avait entendu parler des travaux de Copernic dans les années 1530 et lui avait écrit pour l'encourager à les publier, sans résultat. En fin de compte, ce furent les arguments persuasifs de son disciple, Rheticus, qui avaient convaincu Copernic de publier en 1543 *Des révolutions des orbes célestes*, œuvre maîtresse présentant le modèle mathématique d'un univers où la Terre est reléguée à un rôle secondaire.

Bien que **Copernic** n'ait pas été l'initiateur de l'idée du Soleil placé au centre de l'univers, il a prouvé qu'elle était plus sensée que les modèles centrés sur la Terre.

Tycho Brahe
Éclatement de la sphère céleste

« De l'unité du ciel incorruptible et incréé. » Cette citation des œuvres d'Aristote met en évidence la vision qui a subsisté pendant dix-huit siècles, avant que l'astronome danois Tycho Brahe, se servant des instruments astronomiques les plus avancés de son époque, construits selon ses plans, change tout.

La constellation de Cassiopée est l'une des plus faciles à identifier dans le ciel nocturne, grâce au W que forment ses étoiles brillantes. En 1572, une chose inattendue était apparue dans ce W.

Dans son livre *De Stella Nova*, Brahe parle de son choc : « Le onzième jour de novembre, la nuit après le coucher du soleil, je contemplais les étoiles sur un ciel clair. Une nouvelle étoile, d'une grandeur inhabituelle, est apparue, d'aspect étincellant et aveuglant pour les yeux, brillant presque directement au-dessus de ma tête ; et comme je connaissais parfaitement depuis l'enfance toutes les étoiles du ciel, il m'était tout à fait évident qu'il n'y a jamais eu aucune étoile à cet endroit du ciel. »

Brahe avait aperçu une supernova, le dernier souffle d'une étoile mourante. Ce phénomène avait fait chavirer la vision prévalente de la perfection des cieux.

Une éclipse solaire de 1560 avait éveillé l'intérêt de Brahe pour l'astronomie. Il l'avait étudiée pendant ses loisirs dans des universités d'Allemagne et de Suisse. À son retour au Danemark, il s'était consacré à la fabrication d'instruments de mesure astronomique très précis : quadrants, sextants et sphères armillaires.

Cependant, cette observation de 1572 a tout changé. La publication de son *De Stella Nova* avait fait sensation dans toute l'Europe, montrant l'erreur de la vision aristotélicienne des cieux immuables. Le roi du Danemark lui avait offert l'île de Hven pour bâtir le plus grand observatoire du monde, pour un coût atteignant 5 % du produit national brut du pays, car les services d'astronome de Tycho Brahe étaient très recherchés.

Se servant des meilleurs instruments que l'argent pouvait créer, il avait soigneusement observé les étoiles, les planètes et les comètes. Ses observations de la grande comète de 1577 ont montré que les comètes n'étaient pas des phénomènes atmosphériques comme une majorité le pensait, mais des corps très éloignés de la Terre. Ces observations, ainsi que celles de la planète Mars, ont démontré que les corps célestes suivaient des orbites elliptiques, pas circulaires, faisant voler à jamais en éclats l'illusion de la perfection céleste et posant les bases pour les théories de la gravité de Newton.

Né
1546, Scania, Danemark [maintenant partie de la Suède]

Décédé
1601, Prague, République tchèque

Les observations des étoiles et des planètes effectuées par **Brahe** étaient cent fois plus précises que celles de ses prédécesseurs, pourtant le télescope n'avait pas encore été inventé. Ses observations de la planète Mars, en particulier, ont conduit directement aux théories de la gravité de Newton.

Galileo Galilei (Galilée)

Observer l'univers

Lorsque Galileo Galilei s'était rendu à Padoue pour faire des études, l'éducation médicale reposait encore fermement sur les écrits et les enseignements de Galien et d'Aristote, laissant peu de place aux idées nouvelles. Peu surprenant que Galilée ait rapidement dirigé son attention sur le monde moins restrictif des mathématiques.

Galilée s'était intéressé à la gravité. Pour mieux l'observer, il avait lancé une balle sur une pente et constaté que le temps pris par la balle pour parcourir le premier quart de la pente était identique à celui requis pour parcourir les trois autres quarts, concluant donc que la balle accélérait constamment. En répétant des centaines de fois cette expérience pour déterminer si la même chose se passait à chaque fois, il avait posé les bases d'un important aspect de la méthode scientifique.

Une lampe oscillant à la fin d'une chaîne dans la cathédrale de Pise avait induit les prémices d'une autre de ses découvertes. Il avait réalisé qu'un pendule prend le même temps pour osciller d'un côté sur l'autre, quelle que soit la force de la poussée le mettant en mouvement. La fréquence ne change que si on modifie le poids ou la longueur du pendule.

Galilée a aussi développé la lunette bifocale, lui permettant d'étudier la Lune, le Soleil et les planètes. Ce faisant, il a découvert des merveilles qu'il décrivait comme « jamais vues depuis les commencements du monde », telles que les taches solaires et les satellites des planètes. Il s'est penché sur les travaux de l'astronome polonais Nicolas Copernic, qui prônait dans son traité de 1543 que les planètes, y compris la Terre, tournaient autour du Soleil.

Intrigué par cette possibilité, Galilée s'était mis à chercher des preuves. Notant que Vénus passait par des phases, un peu comme la Lune, il en avait déduit que cette planète tournait autour du Soleil. Même si son idée était juste, il ne disposait d'aucune preuve concluante. Comme cela contredisait les enseignements officiels, l'Église catholique lui avait interdit d'en parler. N'en tenant pas compte, il avait publié son *Dialogue sur les deux grands systèmes du monde* comportant ces idées, ainsi qu'une insulte à peine voilée à l'égard du pape Urbain VIII. Conséquence : Galilée avait été assigné à résidence pour le restant de sa vie.

Né
1564, Pise, Italie

Décédé
1642, Arcetri, Italie

L'un des premiers à faire des recherches grâce au télescope, **Galilée** a été le premier à apercevoir les taches solaires, à identifier les quatre principaux satellites de Jupiter et à noter que la surface de la Lune présentait de montagnes et des cratères.

Johannes Kepler

Comprendre le mouvement planétaire

Né
1571, Weil der Stadt, Württemberg [maintenant Allemagne]

Décédé
1630, Regensburg [maintenant Allemagne]

Resté dans l'histoire surtout pour ses lois du mouvement planétaire et ses tables astronomiques exceptionnellement précises, Johannes Kepler a fait aussi de grandes découvertes dans les domaines de l'optique et des mathématiques.

Désirant être ordonné prêtre, Kepler voyait ses recherches scientifiques comme une manière d'accomplir son devoir chrétien : comprendre l'œuvre de Dieu, penser Ses pensées après Lui. Il était convaincu que Dieu avait créé l'univers selon un plan mathématique ; les mathématiques étaient donc le moyen de le comprendre.

Kepler avait étudié à Tübingen avec l'astronome Michael Maestlin (1550-1631), qui enseignait les idées récemment publiées de Nicolas Copernic prônant que le Soleil, pas la Terre, était au centre de l'univers. Cette théorie avait attiré sur-le-champ Kepler. Celui-ci avait commencé par développer un argument complexe, selon lequel les trajectoires des planètes pouvaient être prédites en calculant les tailles d'une série de sphères, cubes et tétraèdres emboîtés les uns dans les autres. Ces arguments semblent bizarres au XXIe siècle, mais les résultats étaient en étroite corrélation avec les mesures astronomiques.

En regardant de plus près, Kepler avait découvert que l'orbite de Mars était elliptique plutôt que circulaire, le Soleil constituant l'un des foyers de cette ellipse. Pour arriver à cette conclusion, il avait effectué plus d'un millier de pages de calculs mathématiques, avant de se pencher sur l'étude d'autres planètes. Le fait que l'orbite de toutes les planètes était elliptique est devenu la première loi du mouvement planétaire de Kepler. Sa seconde loi reposait sur la réalisation que les aires balayées par un rayon vecteur joignant le centre d'une planète au centre du Soleil étaient proportionnelles au temps mis à les décrire.

Après l'idée initiale de Copernic et l'ajout par Galileo Galilei de quelques données issues de ses observations, le travail de Kepler a apporté pour la première fois une preuve mathématique et scientifique du fait que les planètes tournaient autour du Soleil. L'univers était le même ; la compréhension que l'homme en avait était maintenant différente.

Suite à ses observations astronomiques, **Kepler** s'était aussi intéressé à l'optique, découvrant le principe de fabrication d'une lunette à deux lentilles convexes.

Fredrich Bessel

Mesurer les cieux

En 1804, à l'âge de vingt ans, Fredrich Bessel a écrit une dissertation sur la comète d'Halley, où il calculait son orbite en partant des observations faites par Thomas Harriot (1560-1621) en 1607. Il l'avait envoyée au chef de file de l'étude des comètes, Heinrich Olbers (1758-1840) qui lui avait demandé par la suite d'effectuer d'autres observations.

Bessel s'était mis à étudier la mécanique céleste, d'abord à l'observatoire privé de Lilienthal, près de Brême, puis au nouvel observatoire de Königsberg, où il a passé le reste de sa vie.

À Königsberg, Bessel avait déterminé les positions et les mouvements relatifs de plus de 50 000 étoiles, en partant des données de l'astronome royal danois James Bradley (1693-1762). Bessel a été l'un des premiers astronomes à réaliser l'importance des mesures stellaires précises pour prédire les positions des étoiles à des dates données et écarter des estimations des facteurs comme les effets du mouvement de la Terre. En 1838, il a mesuré pour la première fois la distance d'une étoile – 61 Cygni –, découvrant qu'il faut plus de dix ans à la lumière pour nous parvenir de cet astre.

En éliminant toutes les sources d'erreur – météorologiques, optiques et mécaniques – Bessel a obtenu des résultats astronomiques d'une extraordinaire finesse, dont une foule de nouvelles données pouvait être extraite.

À partir de 1830, Bessel a calculé les positions de 38 étoiles sur une période d'un siècle, de 1750 à 1850. S'apercevant que deux étoiles, Sirius et Procyon, se déplaçaient de façon quelque peu erratique, il avait déduit l'existence d'étoiles doubles, passées inaperçues jusque-là. En 1841, il a annoncé que Sirius avait une étoile associée invisible (« noire »), dont l'orbite a été calculée dix ans plus tard. Elle a été aperçue en 1862, seize ans après la mort de Bessel.

Bessel a conçu une méthode d'analyse mathématique impliquant les fonctions portant maintenant son nom, indispensables dans les mathématiques appliquées, la physique et l'ingénierie.

Né
1784, Minden, Brandenburg [maintenant en Allemagne]

Décédé
1846, Königsberg, Prusse [maintenant Kaliningrad, Russie]

Bessel a été le premier à prédire l'existence des « étoiles noires », déduite à partir des mouvements erratiques de Sirius, étoile de la constellation du Grand chien.

Edwin Hubble
Découvrir l'expansion de l'univers

Né
1889 Marshfield, États-Unis

Décédé
1953, San Marino, États-Unis

Dans les années 1920, la plupart des collègues d'Edwin Hubble pensaient que la Voie lactée constituait l'ensemble de l'univers. Mais scrutant les profondeurs de l'espace, Hubble avait réalisé que la Voie lactée n'est qu'une parmi des millions de galaxies s'éloignant les unes des autres.

Après avoir étudié les sciences à Chicago et à Oxford, Edwin Hubble s'est tourné vers les étoiles à l'observatoire de Yerkes du Wisconsin, avant de s'installer au prestigieux observatoire du mont Wilson, en Californie, qui disposait du télescope le plus puissant du monde. Son attention s'est focalisée sur les nuages bizarres de lumière, les « nébuleuses ».

À mont Wilson, Hubble travaillait aux côtés de Harlow Shapley (1885-1972), astronome ayant mesuré depuis peu la taille de la Voie lactée. Se servant comme sources standard de lumière d'étoiles variables pulsantes, les céphéides, il avait calculé que la galaxie avait un diamètre de 300 000 années-lumière – dix fois plus qu'on l'aurait pensé. Pour Shapley, la Voie lactée renfermait toutes les étoiles et la matière de l'univers – donc rien n'existait en dehors d'elle. Selon lui, les nébuleuses qui intéressaient Hubble n'étaient que des nuages de gaz scintillant, relativement proches.

Mais en 1924, Hubble a aperçu une céphéide variable dans la nébuleuse d'Andromède. Utilisant la technique de Shapley, il a montré que la nébuleuse se trouvait à pratiquement un million d'années-lumière – ce qui la plaçait bien au-delà de la Voie lactée. On sait maintenant qu'il s'agit de la plus proche des dizaines de milliards de galaxies existantes.

Pourtant, la curiosité de Hubble n'était pas rassasiée. En étudiant Andromède, il a réalisé que la lumière en provenant était légèrement plus rouge qu'anticipé. L'effet est similaire au son d'une sirène d'une voiture de police en mouvement. À mesure qu'elle s'approche, le son est plus aigu, à mesure qu'elle s'éloigne, le son devient plus grave. Un décalage vers le rouge équivaut à une diminution de la hauteur du son. La cause la plus probable de ce décalage est l'éloignement des galaxies de la nôtre, la Voie lactée. En mesurant le décalage de toutes les nébuleuses qu'il avait pu trouver, Hubble a compris que plus une galaxie est éloignée de la Terre, plus le décalage vers le rouge est important – autrement dit, plus elle s'éloigne rapidement de nous. L'explication démontrait que l'ensemble de l'univers est en expansion.

Les observations de **Hubble** quant à l'expansion de l'univers – la « loi de Hubble » – ont été révolutionnaires et ont contribué à expliquer en partie la théorie du Big Bang.

(Abbé) Georges Lemaître

Comprendre les origines de l'univers

Initialement prêtre, Georges Lemaître s'est intéressé à l'astronomie en étudiant la Création. Cela, associé à son travail scientifique et mathématique, l'a conduit à proposer sa théorie du Big Bang.

Lorsque Lemaître a commencé à étudier l'univers, la plupart des scientifiques pensaient que son âge était infini et son apparence immuable – qu'il avait toujours été là. Lemaître en doutait cependant. Revoyant la théorie de la relativité générale d'Einstein, il a réalisé que l'univers est soit en train de se condenser, soit en train de s'étendre. Mais, alors qu'Einstein ajoutait une constante cosmologique pour permettre à ses équations de fonctionner dans un univers stable, Lemaître considérait que l'univers était en train de s'étendre. Cette théorie s'accordait avec des observations précédentes d'un décalage vers le rouge de la lumière des galaxies lointaines, selon lui explicable si ces galaxies s'éloignaient de nous. Lemaître a publié ses calculs et son raisonnement en 1927, époque à laquelle ils sont passés pratiquement inaperçus.

Deux ans plus tard, Edwin Hubble a confirmé l'existence du décalage vers le rouge. Lemaître a communiqué ses idées à Arthur Eddington (1882-1944), membre de la Royal Astronomical Society de Londres. Réalisant qu'il avait comblé la lacune entre observation et théorie, la Royal Astronomical Society a publié une traduction en anglais de l'article de Lemaître en 1931. Même ainsi, la plupart des scientifiques trouvaient aberrante l'idée d'un univers ayant un commencement. En plaisantant, Fred Hoyle (1915-2001), astronome de Cambridge, a inventé le terme « Big Bang ».

Lemaître savait que sa théorie présentait encore des problèmes. Par exemple, sa prédiction que l'univers s'élargissait à une allure régulière signifiait que cette expansion était trop rapide pour que les étoiles et les planètes se forment. Lemaître a résolu ce problème en utilisant la variante de la constante cosmologique d'Einstein pour calculer l'expansion de l'univers au fil du temps.

La confirmation du Big Bang a pris trente-trois ans. En 1964, Arno Penzias (1933-) et Robert Wilson (1936-) des Bell Laboratories du New Jersey, étudiaient l'interférence des signaux du premier satellite de communication, captés par l'antenne micro-ondes. L'interférence était identique dans toutes les directions du ciel, autrement dit son origine se trouvait le plus probablement au-delà de la galaxie. Dirigeant une équipe de Princeton, Penzias et Wilson ont identifié la source en tant que rayonnement fossile du Big Bang. La théorie de Lemaître était démontrée.

Né
1894, Charleroi, Belgique

Décédé
1966, Louvain, Belgique

Selon **Lemaître**, sa théorie du Big Bang aidait à expliquer la raison du décalage vers le rouge de la lumière des galaxies très éloignées : les galaxies s'éloignent de nous.

Karl Jansky

Entamer l'étude de la radioastronomie

Né
1905, Norman, Oklahoma, États-Unis

Décédé
1950, New Jersey, États-Unis

Les avancées scientifiques prennent souvent place suite à des découvertes accidentelles ; la pénicilline, les rayons X et le vaccin contre la variole ne sont que quelques-uns des « accidents » ayant débouché sur les progrès extraordinaires. Une autre telle découverte « accidentelle » d'énorme importance a été faite par l'ingénieur radio Karl Jansky qui cherchait les sources possibles d'interférence des ondes radio courtes.

Diplômé en physique de l'université du Wisconsin, Jansky travaillait comme ingénieur radio sur le site de télécommunications des Laboratoires Bell. On était encore aux débuts de la radio : seulement 30 ans étaient passés depuis le premier signal de Marconi.

Jansky étudiait les sources d'interférence des ondes « courtes », dont on envisageait l'utilisation pour les services de radio téléphone transatlantique. Pour y parvenir, il avait bâti une antenne volumineuse – le « manège de Jansky ».

Jansky identifia rapidement deux sources parasites statiques : les orages voisins et les orages éloignés. Toutefois, un autre sifflement plus faible défia Jansky une année entière. Chose curieuse, le signal semblait varier en intensité, avec des amplitudes apparaissant une fois par jour. Jansky pensa d'abord que ce cycle quotidien indiquait le Soleil comme source de l'interférence, mais après des mois d'observations, il remarqua que ce signal avait un cycle de 23 heures 56 minutes, pas de 24 heures, suggérant une origine au-delà du système solaire.

L'identification de la source de ces interférentes, la constellation du Sagittaire située au cœur de la Voie lactée, a été un pas de géant. Les découvertes de Jansky ont été publiées dans un article intitulé *Electrical Disturbances Apparently of Extraterrestrial Origin* (*Perturbations électriques d'origine apparemment extraterrestre*), le mot « apparemment » inclus pour amadouer ses supérieurs de chez Bell, qui craignaient de se faire ridiculiser. Ils n'auraient pas dû s'inquiéter. Même si Jansky n'a pas pu continuer ses recherches sur la Voie lactée, ses supérieurs préférant qu'il se concentre sur les problèmes de télécommunications, il a posé les bases d'un important domaine de l'astronomie, la radioastronomie.

Après ses découvertes initiales, **Jansky** n'a pas continué ses études de radioastronomie. Un jeune opérateur radio d'Illinois (États-Unis), Grote Reber (1911-2002), a construit le premier radiotélescope en 1937 après avoir lu l'article de Jansky.

Stephen Hawking

Comprendre les secrets de l'univers

Né
1942, Oxford, Angleterre

Beaucoup se questionnent sur la capacité de l'homme à comprendre quelque chose d'aussi vaste que l'univers. L'astrophysicien Stephen Hawking, auteur de livres de popularisation scientifique à grand succès, est allé plus loin en développant des théories appréhendant la signification des données actuelles.

Hawking a passé la plupart de sa carrière à l'université de Cambridge, se concentrant principalement sur le développement de la théorie de la relativité générale d'Albert Einstein, ayant introduit le concept d'espace-temps. Dans la relativité restreinte et la relativité générale, le temps et l'espace tridimensionnel sont traités ensemble comme un concept quadridimensionnel unique, l'espace-temps. Un point dans l'espace-temps est un événement, qui doit donc avoir quatre points de référence : trois coordonnées de position plus le temps.

Entre 1965 et 1970, travaillant en collaboration avec Roger Penrose (1931-), Hawking a conçu de nouvelles techniques mathématiques pour étudier l'espace-temps, qu'il a appliquées à l'étude des trous noirs, censés être formés par l'effondrement des étoiles sur elles-mêmes. Extrêmement denses, les trous noirs ont un champ gravitationnel si fort que même la lumière ne peut pas échapper à leur attraction. En combinant la théorie quantique – la physique très mystérieuse de l'infinitésimal – et la relativité générale, Hawking a constaté que les trous noirs peuvent émettre des radiations. À partir de là, il a commencé à travailler sur la transformation de la théorie quantique et de la relativité générale en une éventuelle « grande théorie unifiée ».

S'étant mis à étudier les prédictions concernant la création de l'univers découlant de ces deux théories, Hawking a calculé qu'après le Big Bang de nombreux objets de la taille d'un proton avaient été créés. Alors qu'un proton est extrêmement petit, sa masse peut atteindre jusqu'à dix milliards de tonnes. Cela conférait à ces minitrous noirs une attraction gravitationnelle énorme ; ils seraient donc régis par la relativité générale, alors que leur petite taille les ferait aussi gouverner par les lois de la mécanique quantique.

Les minitrous noirs restent encore à observer, mais les idées de Hawking sur l'espace-temps ont fait un pas de plus sur la route de la grande théorie unifiée de l'univers. Pourtant, sa théorie n'est pas philosophique, mais faite d'une série d'équations mathématiques. Comme il le dit : « Qu'est-ce qui insuffle feu dans ces équations et produit un univers qu'elles peuvent décrire ? »

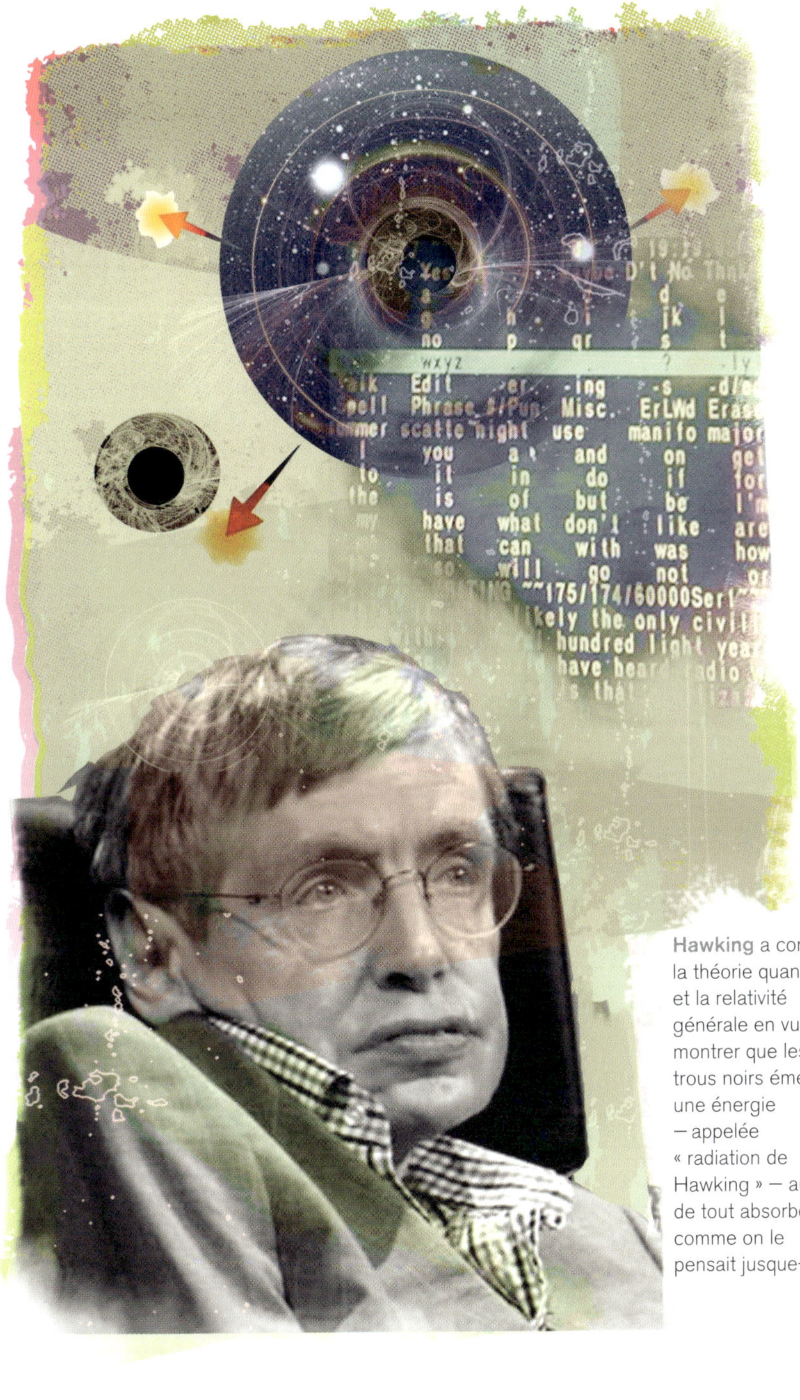

Hawking a combiné la théorie quantique et la relativité générale en vue de montrer que les trous noirs émettent une énergie — appelée « radiation de Hawking » — au lieu de tout absorber, comme on le pensait jusque-là.

1600

Isaac Newton *Philosophiæ Naturalis Principia Mathematica* (*Principes mathématiques de la philosophie naturelle*) (1687)

1700

Alessandro Volta *De vi attractiva ignis electrici* (*Sur la force d'attraction du feu électrique*) (1769)

1800

Michael Faraday *Experimental Researches in Electricity* (*Recherches expérimentales en électricité*) (1839-1844)

1850

James Clerk Maxwell *A Dynamical Theory of the Electromagnetic Field* (*Une théorie dynamique du champ électromagnétique*) (1865)

1875

1890

Heinrich Hertz *Electric waves: being researches on the propagation of electric action with finite velocity through space* (*Ondes électriques, recherches sur la propagation de l'action électrique*) (1893)

Wilhelm Röntgen *Über eine neue Art von Strahlen* (*D'un nouveau type de rayons*) (1895)

1895

Max Planck *Vorlesungen über Thermodynamik* (*Leçons de thermodynamique*) (1897)

Marie Curie « Sur une nouvelle substance fortement radioactive, contenue dans la pechblende » (1898)

1900

Albert Einstein *On the Electrodynamics of Moving Bodies* (E=MC²) (*Sur l'électrodynamique des corps en mouvement*) (1905)

Werner Heisenberh *« Über quantentheoretische Umdeutung kinematischer und mechanischer Beziehungen »* (*Réinterprétation théorique quantique des relations cinétiques et mécaniques*) (1925)

1925

Ernest Rutherford *The Electrical Structure of Matter* (*La structure électrique de la matière*) (1926)

1926

1930

Niels Bohr *Atomic Theory and the Description of Nature* (*Théorie atomique et la description des phénomènes*) (1934)

1935

Physique

Le désir de comprendre le fonctionnement du monde naturel et d'aboutir à des lois et des théories faisant des prédictions concrètes quant à la manière dont il pourrait agit à l'avenir a conduit à la genèse d'une nouvelle discipline, la physique. Les grands noms du chapitre qui suit sont allés plus loin ce faisant, passant de l'échelle la plus vaste à l'échelle subatomique.

Science nucléaire

Libérer même une petite partie de l'énergie emmagasinée dans les atomes a de colossales conséquences. Pourtant, cette énergie peut aussi être utilisée dans des buts pacifiques.

La découverte de l'existence d'une classe d'éléments chimiques se décomposant spontanément en dégageant de l'énergie et de la radiation a fait émerger une nouvelle branche de la science, dont l'importance s'est accrue au cours du XXe siècle. Les hommes de science savaient déjà que les matériaux étaient faits d'atomes, mais avaient conclu que ceux-ci étaient immuables. Maintenant, ils constataient que, dans des circonstances données, certains atomes étaient capables de changer.

Vers 1934, le physicien italien Enrico Fermi (1901-1954) a montré que les neutrons divisaient divers types d'atomes. Ses résultats désorientaient cependant, car en additionnant la masse des éléments résultants il obtenait un résultat moindre que la masse du matériel d'origine. En 1938, les scientifiques allemands Otto Hahn (1879-1968) et Fritz Strassman (1902-1980) ont obtenu des résultats similaires.

Tous ces scientifiques réfugiés aux États-Unis lors de la Deuxième Guerre mondiale ont travaillé ensemble. La célèbre équation $E = mc^2$ d'Einstein, montrant que la masse pouvait disparaître tant que l'énergie était émise, et leur travail ont conduit au développement suivant. Niels Bohr (1885-1962), lui aussi arrivé aux États-Unis, a rejoint un groupe de physiciens qui discutaient de la possibilité de créer une réaction en chaîne durable, où l'énergie libérée en divisant un atome serait utilisée pour en diviser d'autres, et ainsi de suite.

Le matin du 2 décembre 1942, cette équipe scientifique dirigée par Fermi s'est réunie sur une cour de squash à côté du stade d'athlétisme de l'université de Chicago. Un tas cubique de graphite et d'uranium traversé par des barres de cadmium (capable d'absorber les neutrons) y avait été bâti. Les barres de cadmium ont été retirées

Il y a deux issues possibles : si le résultat confirme l'hypothèse, vous avez fait une mesure. Si le résultat infirme l'hypothèse, vous avez fait une découverte.

Enrico Fermi

lentement, en surveillant la température. À 15h25, la température s'était élevée. Les barres avaient été remises en place – une réaction nucléaire autonome avait été initiée. Le monde est entré dans l'ère nucléaire.

Alors que les premiers usages de cette technologie étaient militaires – les bombes atomiques lancées sur les villes japonaises d'Hiroshima et de Nagasaki –, les scientifiques se sont rapidement tournés vers des applications plus pacifiques. Le 20 décembre 1951, dans l'Idaho (États-Unis), la première centrale nucléaire a produit de l'électricité. Depuis lors, des réacteurs nucléaires ont été construits dans le monde entier.

Le débat fait maintenant rage sur la production nucléaire de l'électricité. Elle a le grand avantage de ne pas produire de dioxyde de carbone ou d'autres gaz susceptibles de contribuer au changement climatique, mais le désavantage de produire des déchets qui resteront radioactifs pendant des milliers d'années. Voilà un exemple de science générant une technologie presque trop terrible pour être maîtrisée.

Isaac Newton

Comprendre la gravité

Formidable mathématicien et observateur du monde physique, Isaac Newton a décrit la gravitation universelle, posé les bases de la mécanique classique et du calcul différentiel (parallèlement à Leibnitz). Génie extraordinaire, il est tenu pour l'homme de science probablement le plus influent de l'histoire.

Après une série d'expériences, Newton a conclu que deux corps, tels qu'une pomme et la Terre, ou la Lune et la Terre, s'attirent mutuellement avec une force calculée en multipliant leur masse puis en divisant le résultat obtenu par le carré de la distance les séparant. C'est la loi de la gravitation universelle.

Mettre les valeurs au carré est devenu par la suite un aspect fréquent des équations de la physique. À mesure que les hommes de science se sont mis à expliquer les champs gravitationnels, l'idée de la mise au carré a montré son sens physique. La gravité peut être expliquée en termes de lignes de flux rayonnant depuis le centre d'un objet ; plus un objet est massif, plus les lignes de flux sont nombreuses. On peut les voir comme des cordes tirant les objets vers le centre. À toute distance de l'objet, l'effet gravitationnel de ces lignes de flux se répand sur la sphère imaginaire dont le centre est identique au centre de l'objet. Plus la distance de l'objet est grande, plus l'aire de la sphère est étendue et plus les « cordes » sont réduites.

L'aire de la sphère est définie par l'équation aire = $4 r^2$, si bien qu'un changement qui double la distance « r » quadruplera (r^2) l'aire. Le champ gravitationnel s'étendra alors sur cette aire bien plus grande et sera d'autant plus faible.

Dans ses Principes mathématiques de la philosophie naturelle, Newton développe ses idées et affirme avoir identifié trois des lois fondamentales de la nature : 1. Tout corps au repos ou en mouvement rectiligne uniforme restera dans cet état jusqu'à ce qu'une force quelconque s'exerce sur lui ; 2. L'accélération subie par un corps de masse constante est proportionnelle à la force qu'il subit ; 3. Tout corps A exerçant une force sur un corps B subit une force d'intensité égale à celle exercée par le corps B, de même direction mais de sens opposé. Ces principes newtoniens à la base de la physique ont toujours une grande valeur.

Né
1643, Woolsthorpe, Angleterre

Décédé
1727, Londres, Angleterre

Newton a découvert la loi de la gravitation universelle en réfléchissant aux forces entrant en jeu lorsqu'une pomme tombe d'un arbre.

Alessandro Volta
Maîtriser le pouvoir de l'électricité

À 29 ans, Alessandro Volta a commencé à enseigner la physique dans un collège local. Quelques mois après, il a construit sa première invention, un électrophore, appareil produisant une charge électrique par friction.

Quelques années plus tard, devenu professeur de physique à l'université de Pavie, Volta a rencontré Luigi Galvani (1737-1798). Un jour, en disséquant une patte de grenouille, le scalpel en acier de Galvani avait touché le crochet en bronze la maintenant, la faisant sursauter. Pour Galvani, ce sursaut révélait les effets de ce qu'il appelait « électricité animale », la force de vie des muscles de la grenouille.

Tentant de savoir si le courant électrique pouvait venir de l'extérieur de l'animal, Volta a découvert qu'un petit courant électrique apparaissait s'il mettait en contact deux métaux différents. Il a deviné, avec justesse, ce qui s'était passé quand le scalpel de Galvani avait touché le crochet.

Développant cette idée, Volta a utilisé une colonne formée en alternance de disques de cuivre et de zinc, séparés par des feuilles de carton trempées dans de l'eau salée pour produire un courant électrique. Des colonnes comportant divers nombres d'éléments produisaient des courants soit plus forts, soit plus faibles. Sa plus grande colonne était formée de soixante disques. Cependant, une colonne de plus de vingt éléments produisait un courant qui faisait mal si on tenait les fils attachés à l'autre extrémité. Volta ne savait toutefois pas que les métaux gardent leurs électrons avec plus ou moins de force. Si deux métaux différents sont placés ensemble, les électrons circulent à partir de celui plus susceptible de les libérer – produisant donc un courant électrique.

Lorsque Volta a effectué une démonstration de sa colonne devant l'Académie française des sciences en 1801, les spectateurs ont été si impressionnés que Bonaparte l'a fait comte de Lombardie. Sa contribution à la compréhension de l'électricité a été si significative qu'une unité de mesure de l'électricité, le volt, a reçu son nom.

Né
1745, Côme, Italie

Décédé
1827, Côme, Italie

En expérimentant en 1800 avec une pile de disques de cuivre et de zinc séparés par du tissu trempé dans de la saumure, **Volta** a découvert que, mis en contact, les métaux et les substances chimiques produisaient un courant électrique. Volta a ainsi créé la première batterie électrique.

Michael Faraday
Comprendre l'électricité et le magnétisme

Né
1791, Newington, Angleterre

Décédé
1867, Hampton Court, Angleterre

Travaillant comme apprenti relieur à 14 ans, Faraday préférait lire les livres plutôt que de les relier. Dans un de ces livres, il a trouvé des instructions lui permettant de construire sa propre machine électrostatique. Peu de temps après, il a adhéré à la société philosophique de la ville.

Après avoir assisté à une conférence de la Royal Institution donnée par Humphry Davy (1778-1829), Faraday est devenu son préparateur en chimie et a parcouru l'Europe avec lui, rencontrant, entre autres, Alessandro Volta, qui l'a inspiré à étudier l'électricité lors de son retour à Londres en 1815.

En 1820, le philosophe naturel danois Hans Christian Oersted (1777-1851) a publié un article décrivant la manière dont l'aiguille de la boussole dévie par rapport au nord magnétique lorsqu'un courant électrique passe dans un fil à proximité, démontrant ainsi la génération du champ magnétique. En 1821, Faraday a conduit l'expérience plus loin. En passant un fil à travers un bouchon en liège flottant sur l'eau, il a mis en contact ses extrémités avec des gouttes de mercure, le faisant traverser par l'électricité. Si un aimant était placé à proximité, le fil bougeait à chaque fois qu'un courant était appliqué. En enroulant le fil, il le faisant tourner, ainsi que le bouchon, lorsque l'électricité le traversait, aboutissant ainsi à la découverte de la rotation électromagnétique.

Convaincu que l'énergie est toujours conservée dans un système, il a conclu que si l'électricité produisait un champ magnétique, le magnétisme devait être capable de produire de l'électricité. Toutefois, il n'a pu démontrer que dix ans plus tard, en 1831, que le déplacement d'un aimant puissant près d'un rouleau de fil produisait un bref courant électrique dans le fil – l'induction électromagnétique.

D'autres configurations expérimentales démontrant l'induction sont dues à Faraday, dont l'alternateur homopolaire où un disque en cuivre tourne dans un champ magnétique, générant un courant électrique. Des innovateurs comme de Ferranti (1864-1930) et Nikola Tesla (1856-1943) ont développé ce concept dans les premiers générateurs. D'autres, comme Ányos Jedlik (1800-1895) et William Sturgeon (1783-1850), ont vu l'utilisation inversée de l'induction, créant les premiers moteurs électriques. Plus que tout, la découverte de l'induction a permis aux hommes de science de faire passer l'électricité du statut de curiosité scientifique au XIXe siècle au statut d'énergie au XXe siècle.

Faraday a découvert qu'un bouchon flottant attaché à un fil tournait quand l'électricité traversait celui-ci en présence d'un champ magnétique. Cette découverte allait conduire à l'invention du moteur électrique.

James Clerk Maxwell

Exprimer mathématiquement l'électromagnétisme

Né
1831, Édimbourg, Écosse

Décédé
1879, Cambridge, Angleterre

Dans le monde de la physique, les deux géants de tous les temps sont indubitablement Isaac Newton (1643-1727) et Albert Einstein (1879-1955). Bien que les deux étudiassent les mêmes phénomènes – le mouvement et la gravité – leurs théories étaient extrêmement différentes. Plus que tous les autres, un homme de science a rendu cela possible, l'Écossais James Clerk Maxwell.

Sorte d'esprit universel, à 14 ans Maxwell a rédigé un article remarquable sur les mathématiques des ellipses avant d'aller étudier à l'université d'Édimbourg et au Trinity College de Cambridge.

En 1856, juste une année après avoir obtenu un diplôme en mathématiques au Trinity College, il a publié l'un de ses articles scientifiques de base, *On Faraday's Lines of Force (Sur les lignes de force de Faraday)*. Il y présentait la démonstration mathématique du champ électromagnétique découvert par Michael Faraday : les équations auxquelles on a donné son nom.

Une année plus tard, Maxwell s'est intéressé à l'astronomie et a rédigé un essai montrant que les célèbres anneaux de Saturne ne pouvaient pas être solides, ce qui n'a été prouvé qu'en 1895 grâce à la spectroscopie. Cet essai a remporté un prix.

Les années 1861 et 1862 ont consolidé la réputation de géant du domaine de la physique de Maxwell. À cette époque, il a publié un célèbre article en quatre parties, *On Physical Lines of Force* (*Sur les lignes physiques de force*), décrivant ce qui est, sans doute, sa plus importante observation. En plus de poser les bases mathématiques de la théorie de l'électromagnétisme, il a calculé la vitesse de propagation des champs électromagnétiques. Constatant que la vitesse obtenue était proche de la vitesse de la lumière récemment déterminée, il notait : « On ne peut pas éviter la conclusion que la lumière consiste en ondulations transversales du même médium qui est la cause des phénomènes électrique et magnétique. » Cette intuition a fait le lien entre le travail de Newton quelques siècles plus tôt et celui d'Einstein quelques décennies plus tard.

Maxwell a montré aussi que la température est un résultat du mouvement moléculaire, l'un des points essentiels de l'étude de la thermodynamique jusqu'à ce jour.

Les quatre équations de la théorie électromagnétique déterminées par **Maxwell** sont si simples qui leur importance ne saute pas immédiatement aux yeux. Albert Einstein les a utilisées pour sa théorie de la relativité restreinte.

Wilhelm Röntgen
Découverte des rayons X

Né
1845, Lennep, Prusse (maintenant Remscheid, Allemagne)

Décédé
1923, Munich, Allemagne

Parmi les problèmes étudiés par Wilhelm Röntgen, il y a les curieuses caractéristiques électriques du quartz, l'influence de la pression sur la manière dont les fluides réfractant la lumière et la modification des plans de la lumière polarisée par les forces électromagnétiques. Il est cependant plus connu pour la découverte des rayons X.

Entamant des études d'ingénierie, Röntgen est rapidement passé à la physique, qu'il a enseignée par la suite à l'université de Würzburg. L'une de ces expériences impliquait de passer une décharge électrique par une chambre contenant des gaz à une pression extrêmement basse. Les travaux précédents avaient montré que l'utilisation des voltages très élevés générait un flux de particules, les rayons cathodiques. (Ce genre de chambre est devenue le tube cathodique des écrans classiques de téléviseurs, les particules étant des électrons.)

Le soir du 8 novembre 1895, Röntgen a enfermé le tube de décharge dans un épais carton foncé pour exclure toute lumière. Lorsque tous les éclairages de la pièce ont été éteints, une plaque enduite de platinocyanure de baryum est brusquement devenue fluorescente. Röntgen a rapidement découvert que la radiation causant ce phénomène apparaissait quand les rayons cathodiques frappaient l'extrémité en verre du tube. La portée de ces rayons était bien plus grande dans l'air que celle des rayons cathodiques. La plaque scintillait même à deux mètres du tube.

Intrigué par ces rayons, Röntgen a placé des objets de différentes épaisseurs sur leur trajectoire et constaté qu'ils impressionnaient les plaques photographiques à divers degrés. Un jour, il a placé la main de son épouse juste devant une plaque photographique et dirigé brièvement les rayons dessus. En développant la plaque, il a vu l'image fantomatique de la main, mais aussi l'image des os et la marque claire de la bague qu'elle portait.

Röntgen a fini par constater que les nouveaux rayons étaient produits lorsque les rayons cathodiques frappaient un objet. Ne connaissant pas la nature de ces rayons, il les a nommés rayons X. Par la suite, Max von Laue (1879-1960) et ses élèves ont montré que les rayons X sont un type de radiation électromagnétique, comme la lumière.

Röntgen a découvert les rayons X. Les désignant par le nom de « röntgenogramme », il a offert aux médecins le moyen de voir pour la première fois l'intérieur du corps humain.

Heinrich Hertz

Comprendre la radiation électromagnétique

Né
1857, Hambourg, Allemagne

Décédé
1894, Bonn, Allemagne

Les personnes décédées avant d'avoir atteint leurs 37 ans laissent rarement un grand héritage. Henrich Hertz fait exception par son travail révolutionnaire dans le domaine des rayons électromagnétiques. Son héritage durable est révélé à chaque fois qu'une personne se branche sur sa station radio préférée. L'unité de mesure de la fréquence porte son nom.

Après des études aux universités de Munich et de Berlin et un doctorat sur la déformation de deux corps sphériques mis en contact avec une force donnée, Hertz est devenu en 1883 conférencier en physique théorique à l'université de Kiel. Là, il a étudié la théorie électromagnétique de James Clerk Maxwell reposant sur des idées mécaniques inhabituelles sur l'« éther luminifère » – substance hypothétique censée remplir tout l'espace « vide » et être le matériel permettant à la lumière de parcourir l'univers. Hertz a étudié les équations utilisées par cette théorie et découvert qu'il pouvait les reconstruire de sorte que la théorie ne recoure plus à l'éther. La théorie électromagnétique venait de faire un immense pas en avant.

Professeur de physique à l'université de Karlsruhe en 1885, Hertz a découvert l'effet photoélectrique – la radiation ultraviolette frappant les électrons de la surface du métal et créant un courant électrique –, maintenant la base des cellules photovoltaïques utilisées depuis les satellites jusqu'aux signaux routiers.

Trois ans plus tard, il a généré des ondes électromagnétiques en utilisant un circuit formé d'une base en métal comportant une brèche assez petite pour que le circuit soit complété par les étincelles sautant par-dessus. Hertz a montré que ces étincelles déclenchaient des ondes captées par un second appareil similaire, placé à quelque distance dans la pièce.

D'autres expériences ont montré que ces ondes pouvaient se diffracter, se réfracter, se polariser et traverser les matériaux non conducteurs. Appelées initialement « ondes hertziennes », ce sont les ondes radio. Hertz ne voyait pas d'usage pratique pour sa découverte, mais d'autres n'étaient pas de cet avis. Parmi eux, le jeune Italien Guglielmo Marconi qui avait entendu parler de la découverte de Hertz lorsqu'il passait des vacances en Autriche. Rentrant précipitamment chez lui, il s'était mis à développer l'idée jusqu'à arriver à envoyer un signal sur plus de 1,5 km. En 1901, Marconi a transmis un signal à travers l'Atlantique, de Cornouailles à Terre-Neuve. La radio avait fait son chemin.

Pour **Hertz**, les ondes électromagnétiques dont il avait démontré l'existence « n'avaient aucun usage » en dehors de prouver les théories précédentes de Maxwell. Il avait tort, car Marconi s'en est servi pour développer la première radio.

Max Planck

Lancer la théorie quantique

Dans la science, il arrive souvent qu'une déviation du résultat attendu d'une théorie existante débouche sur une nouvelle théorie convenant bien davantage aux résultats concrets. Une situation de ce genre a conduit le physicien allemand Max Planck à suggérer une nouvelle manière de penser, qui a donné naissance à la mécanique quantique.

Alors qu'il étudiait aux universités de Munich et de Berlin pour un doctorat en philosophie, Planck a suivi les cours de Gustav Kirchhoff (1824-1887), célèbre pour son travail sur les circuits électriques, mais aussi pour le concept de corps noirs, objets à l'équilibre thermique idéal qui absorbent tout rayonnement les atteignant. De tels objets constituent un modèle utile dans la physique, bien que la construction d'un véritable corps noir soit du domaine de la science-fiction.

Beaucoup d'hommes de science de l'époque s'intéressaient aux corps noirs. En 1900, les physiciens britanniques Lord Rayleigh (1842-1919) et sir James Jeans (1877-1946) ont proposé une loi reposant sur la thermodynamique classique, qui tentait d'expliquer le rayonnement d'un corps noir à différentes longueurs d'onde. Même si les résultats pour les rayonnements de longueur d'onde longue étaient bons, ceux des rayonnements de longueur d'onde courte étaient aberrants. Ce problème a été surnommé plus tard « catastrophe ultraviolette ».

La même année, Max Planck – qui partageait la fascination de son professeur Kirchhoff pour le rayonnement du corps noir – a conçu une nouvelle loi reposant sur des observations empiriques, convenant aux résultats des longueurs d'onde tant courtes que longues.

Planck a reformulé sa théorie pour y incorporer la mécanique statistique, incluant le postulat de la « quantification » de l'énergie du rayonnement électromagnétique – autrement dit, l'énergie prenait une série de valeurs permises. Pour lui, cette énergie (E) était proportionnelle à la longueur d'onde du rayonnement (ν) via la relation $E=h\nu$; h est maintenant appelé la constante de Plank.

Cinq ans plus tard, l'explication de l'effet photoélectrique faite par Albert Einstein a montré que la quantification de l'énergie est réelle. Avec l'aide d'Einstein, Planck a fait naître une branche de la physique – la théorie quantique – qui a renversé de nombreux concepts de la physique classique.

Né
1858, Kiel, Allemagne

Décédé
1947, Göttingen, Allemagne

Bien que **Planck** n'ait pas reconnu immédiatement la signification de la quantification de l'énergie en tant qu'explication du rayonnement du corps noir, travail continué par d'autres scientifiques, dont Albert Einstein, son postulat lui a apporté le prix Nobel en 1918.

Marie Curie
Découvrir la radioactivité

Née
1867, Varsovie, Pologne

Décédée
1934, Sancellemoz, France

À une époque où peu de femmes avaient l'occasion de connaître l'excitation de la recherche scientifique, Marie Curie a montré au monde les merveilles de la radioactivité. Son travail révolutionnaire a causé sa mort, car les radiations émises par les matériaux qu'elle étudiait provoquaient le cancer, fait inconnu alors.

Née Maria Sklodowska, elle a grandi à Varsovie, avant de venir étudier à Paris, où elle a changé son nom en Marie. Elle excellait à la physique et aux mathématiques. En 1894, elle a été présentée à Pierre Curie, chef du laboratoire de l'École de physique et chimie industrielle de Paris, qu'elle a épousé l'année suivante.

Initialement, Marie Curie étudiait les propriétés magnétiques des aciers. En décembre 1895, après que le physicien allemand Wilhelm Röntgen (1845-1923) eut découvert les rayons X et le physicien français Henri Becquerel (1852-1908) constaté que les minéraux contenant de l'uranium émettaient des rayons inconnus, elle a commencé à étudier ces derniers. En utilisant un instrument très sensible (inventé quinze ans plus tôt par son époux et le frère de celui-ci) capable de mesurer d'infimes courants électriques, elle a découvert que l'intensité des rayonnements d'un matériel ne dépendait que de la quantité d'uranium que celui-ci contenait. Les effets électriques des rayonnements de l'uranium n'étaient pas affectés si le matériel contenant de l'uranium était pulvérisé ou gardé pur, s'il réagissait pour former un composé, s'il était humide, sec, exposé à la lumière ou à la chaleur. La capacité d'émettre des rayons était donc une caractéristique fondamentale de la structure atomique de l'uranium.

Marie Curie a découvert par la suite que d'autres matériaux émettaient des radiations, phénomène qu'elle a appelé radioactivité. Constatant que les matériaux radioactifs étaient souvent une source de chaleur, elle a réfléchi au pouvoir potentiel de telles substances – d'autres scientifiques allaient réaliser par la suite que cette énergie pouvait être utilisée pour des armes létales et des centrales nucléaires.

Le travail de Marie et de Pierre Curie, qui ont isolé les éléments radioactifs naturels, a servi de base à leur fille, Irène Joliot-Curie, qui – avec son époux Frédéric – a reçu le prix Nobel de chimie en 1935 pour la découverte de la radioactivité artificielle. Ses deux enfants, Hélène et Pierre Joliot-Curie, sont aussi devenus d'éminents scientifiques.

Grâce au travail de Röntgen et de Becquerel, **Marie Curie** savait déjà que ses rayonnements radioactifs étaient importants pour l'imagerie médicale. Elle a aussi montré qu'ils pouvaient endommager les tissus biologiques, découverte ayant conduit à leur utilisation ultérieure au traitement du cancer.

Ernest Rutherford
Dévoiler le secret des atomes

Ernest Rutherford a étudié et effectué des recherches dans plusieurs grandes universités du monde, réalisant nombre de découvertes importantes quant au domaine subatomique. Il a commencé ses recherches en physique expérimentale dans son pays natal, la Nouvelle-Zélande, et a développé des équipements de mesure capables de déterminer le magnétisme du fer à des fréquences très élevées de courant l'aimantant.

Après trois tentatives ratées d'entrer à la faculté de médecine, Rutherford a réussi à obtenir en 1894 une bourse pour étudier les sciences. Comme étudiant de doctorat, il a travaillé avec Joseph John Thomson (1856-1940) au laboratoire de l'université de Cambridge. Ici, Rutherford a adapté son détecteur conçu en Nouvelle-Zélande et l'a utilisé pour étudier certaines des propriétés des matériaux isolants. Impressionné par son talent, Thomson l'a invité à se joindre à une équipe étudiant la conduction électrique des gaz.

Devenu en 1897 titulaire de la chaire de physique à l'université McGill de Montréal (Canada), Rutherford y a découvert le radon, gaz radioactif. Il a publié son premier livre, la *Radioactivité*, en 1904.

Durant ses recherches, Rutherford a découvert que les éléments radioactifs émettaient deux types distincts de radiations, aux pouvoirs de pénétration différentes. Il a appelé la radiation la moins pénétrante rayonnement alpha – en fait, des noyaux d'hélium débarrassés de leurs électrons à charge négative –, celle la plus pénétrante, rayonnement bêta – les électrons.

Revenu en Angleterre en 1907 pour devenir professeur de physique à l'université de Manchester, il a eu une intuition qui allait changer notre appréciation du monde. Il avait confié à l'un de ses élèves la réalisation d'une expérience de laboratoire lançant des particules alpha contre une fine feuille d'or. Alors que la plupart des particules traversaient la feuille d'or, certaines étaient défléchies et une ou deux rebondissaient.

En 1911, il a avancé l'hypothèse que cela ne pouvait se produire que si presque toute la masse des atomes d'or était contenue dans un noyau incroyablement infime. Cette intuition a fait de Rutherford le père de la physique nucléaire, domaine ayant mis sous une lumière nouvelle la structure même de tout ce qui existe dans l'univers.

Né
1871, Spring Grove, Nouvelle-Zélande

Décédé
1937, Cambridge, Angleterre

Le travail expérimental de **Rutherford** a éclairé d'une nouvelle lumière le domaine de la radioactivité et a aidé à montrer que les atomes ont une structure plus complexe qu'on le pensait précédemment.

Albert Einstein

Développer la théorie de la relativité

Peu de personnes ont laissé une marque aussi notable dans la conscience du public qu'Albert Einstein. Né en Allemagne dans une famille juive, Einstein n'a pas eu beaucoup de succès à l'école et lorsqu'il a pris un travail temporaire d'expert technique de troisième classe au Bureau des patents de Berne (Suisse) en 1901, nul signe n'annonçait son grand destin.

En 1905, toujours employé de ce Bureau, Einstein a publié quatre articles. Ses articles sur le mouvement brownien, l'effet photoélectrique et la relativité restreinte sont tous dignes du prix Nobel. Le comité du Nobel lui a conféré effectivement en 1921 le prix de physique pour son travail sur l'effet photoélectrique. Alors que l'effet photoélectrique et le mouvement brownien étayaient les hypothèses affirmant l'existence des atomes, la relativité était quelque chose de totalement nouveau.

Son article « On the Electrodynamics of Moving Bodies » a introduit l'idée de relativité restreinte. Cette théorie intégrait le temps, la distance, la masse et l'énergie et était consistante avec l'électromagnétisme, tout en omettant la force de gravité. Elle a fait chavirer la physique newtonienne en montrant que la vitesse de la lumière est fixe et indépendante du mouvement de l'observateur. L'une des forces de la relativité restreinte est qu'elle est dérivée de seulement deux prémisses :

1. *La vitesse de la lumière dans le vide est une constante (plus précisément, 299 792 458 mètres par seconde).*
2. *Les lois de la physique sont les mêmes pour tous les observateurs placés dans un cadre fixe.*

Malgré sa simplicité, ses résultats sont étonnants. La relativité restreinte affirmait qu'il n'existe pas de concept absolu de temps et de distance ; pour Einstein, l'appréciation de ces faits par un observateur est relative à sa propre vitesse.

En 1915, Einstein a développé davantage cette idée, aboutissant à la théorie de la relativité générale. Selon cette théorie, la gravité n'est plus une force, mais une conséquence de la courbure de l'espace-temps. À la différence de la relativité restreinte, où la réalité est différente pour chaque observateur, la relativité générale établit que tous les observateurs sont pareils même s'ils se déplacent à des vitesses différentes. Même si certaines des parties de ces idées époustouflantes ont été questionnées, elles restent le terrain de l'étude de la physique.

Né
1879, Ulm, Württemberg [maintenant Allemagne]

Décédé
1955, Princeton, États-Unis

Einstein a fait chavirer la physique newtonienne par sa théorie de la relativité restreinte ; il a montré que la vitesse de la lumière est fixe, donc indépendante du mouvement de l'observateur.

Niels Bohr

Accroître la compréhension de l'atome

Demandez à quiconque de dessiner un atome, et il tracera le plus probablement le « système solaire » classique, avec une grande goutte au milieu (le noyau) et un groupe de petits points l'orbitant (un nuage d'électrons). Conçu il y a plus d'une centaine d'années par Ernest Rutherford, ce modèle a été le plus connu de son époque. Seul problème, le modèle ne fonctionnait pas en pratique. Le physicien danois Niels Bohr a cherché une explication.

Né
1885, Copenhague, Danemark

Décédé
1962, Copenhague, Danemark

En 1911, Bohr était absorbé par l'étude du domaine relativement nouveau de la physique subatomique. Sir J. J. Thomson (1856-1940) a découvert l'électron en 1897, alors qu'en 1911 les expériences d'Ernest Rutherford avec les particules alpha ont mis en lumière l'existence du noyau atomique. Bohr a eu la chance de visiter Thomson au laboratoire Cavendish de Cambridge en 1911 et Rutherford à Manchester en 1912, apprenant davantage sur le modèle atomique de « système solaire » de ce dernier.

Le modèle de Rutherford posait le problème de l'énergie. Selon les théories de la physique classique, un électron tournant autour d'un noyau devrait perdre progressivement de l'énergie, s'en rapprochant en spirale et finissant par s'écraser contre lui. Comme nous sommes encore là, on peut supposer que les atomes sont inhéremment stables. Par ailleurs, la fréquence du rayonnement émis par un électron tournant en spirale vers sa perte devrait s'accroître, ce qui ne correspond pas non plus aux observations de ce modèle.

Le modèle amélioré de Bohr puisait dans le travail de Max Planck et suggérait que les électrons tournent sur des orbites autour du noyau, mais ne peuvent avoir que des énergies spécifiques ; l'énergie n'est pas perdue en permanence, mais émise lorsqu'un électron saute d'une orbite sur une autre.

Alors que la proposition de Bohr pouvait être tenue pour une petite modification astucieuse visant à cacher un problème, le succès de son modèle tenait à son explication. Il correspondait aux propriétés physiques des atomes. Les lignes d'émission du spectre atomique des atomes d'hydrogène montraient le passage des électrons entre les orbites permises de Bohr. Peu étonnant que le monde scientifique ait accueilli avec enthousiasme les idées révolutionnaires de Bohr.

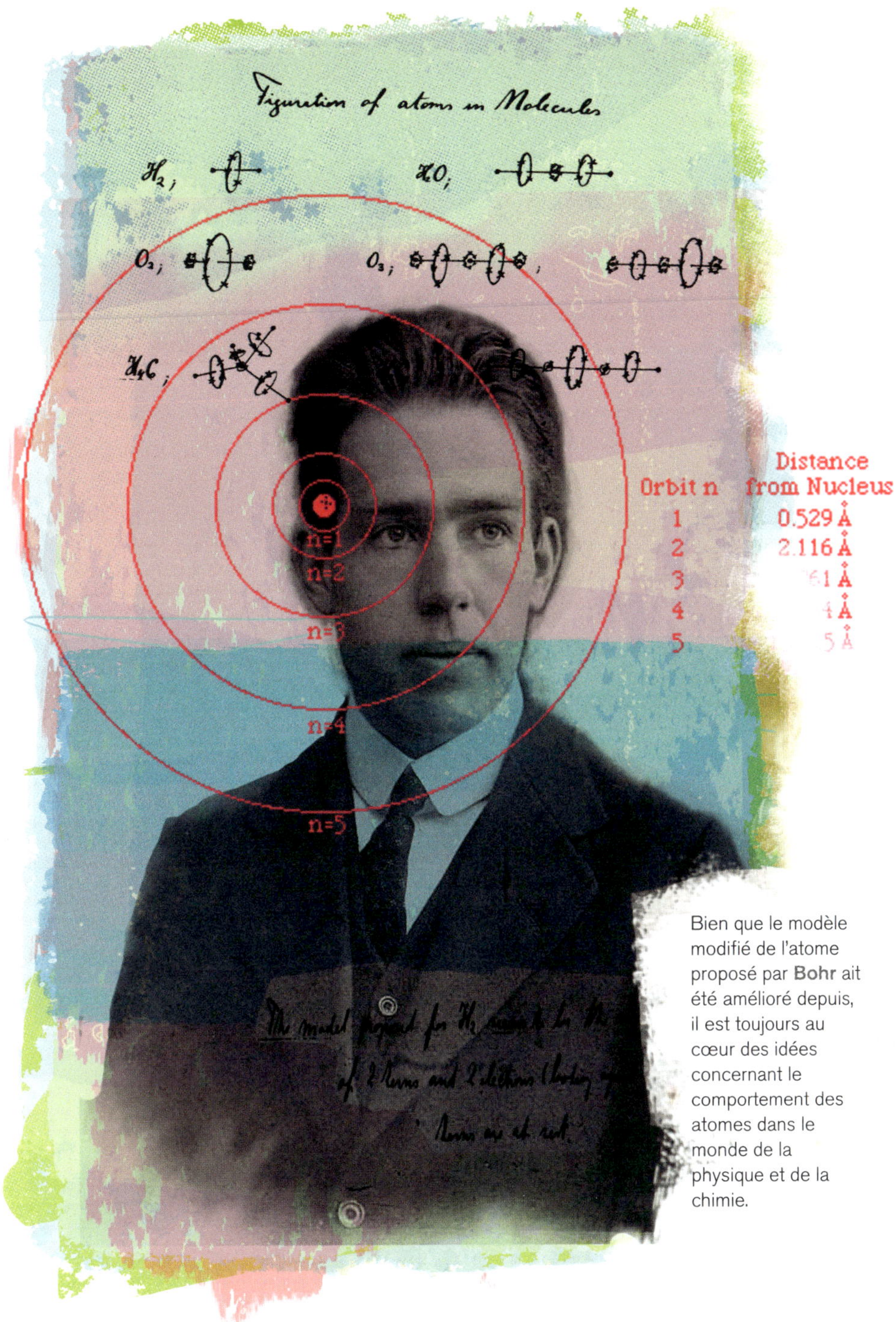

Bien que le modèle modifié de l'atome proposé par **Bohr** ait été amélioré depuis, il est toujours au cœur des idées concernant le comportement des atomes dans le monde de la physique et de la chimie.

Werner Heisenberg

Clarifier la théorie quantique

Lorsque Newton a étudié les forces et le mouvement, il a vu la prédictibilité et développé des explications pour les événements quotidiens. Quand Einstein a étudié les mêmes sujets, il a conclu que la réalité était plus complexe mais prévisible si on prenait suffisamment de mesures. En contribuant au développement de la théorie quantique, Werner Heisenberg a conduit la physique dans un monde bien moins certain.

Avant ses 30 ans, Heisenberg a rencontré les plus grands noms de la communauté scientifique mondiale, dont Albert Einstein, Niels Bohr, Wolfgang Pauli (1900-1958) et Max Bohr (1882-1970). Inspiré par ces pionniers, il a continué leur travail. Les théories de l'époque concernant l'atome spéculaient que les électrons tournaient autour d'un noyau, comme les planètes autour du Soleil. En collectant des données sur la manière dont les atomes émettent et absorbent la lumière, il a conçu un concept radicalement nouveau, la « mécanique quantique ».

Ils ont établi ensemble les matrices mathématiques de la mécanique ondulatoire. Attiré par le centre mondial du débat, Heisenberg s'est installé à Copenhague pour se joindre au groupe de physiciens de Bohr. Il a passé beaucoup de temps avec Erwin Schrödinger (1887-1961), qui tentait lui aussi de comprendre ce domaine de la physique.

Plus Heisenberg se plongeait dans les mathématiques, plus sa curiosité montait. Il a réalisé qu'en connaissant la position d'un électron, on ne peut rien dire de sa quantité de mouvement. Inversement, en connaissant la quantité de mouvement d'un électron, on ne peut pas déterminer sa position. En essence, il est toujours impossible de prédire les actions d'un électron dans un atome en raison de l'incertitude apparaissant lorsqu'on tente de le mesurer.

On peut voit cela de deux manières. L'une est de considérer que les expériences ne sont pas assez sophistiquées et d'attendre qu'avec le temps quelqu'un y parvienne. L'autre, c'est de considérer qu'il s'agit d'un véritable reflet d'une propriété fondamentale de la matière décrite par la mécanique quantique. Heisenberg a présenté sa théorie dans une lettre de quatorze pages envoyée en 1927 à Wolfgang Pauli, avant de la porter à la connaissance du monde entier. Le principe d'incertitude d'Heisenberg était né

Né
1901, Würzburg, Allemagne

Décédé
1976, Munich, Allemagne

Le principe d'incertitude d'**Heisenberg** a été démontré par l'expérience d'Erwin Schrödinger : un chat, une fiole de poison et un matériel radioactif sont placés dans une boîte. La fiole s'ouvre si un atome du matériel radioactif se désintègre. Comme nul ne peut prédire quand la désintégration se produira, tant que la boîte reste fermée, le chat se trouve dans un « état de superposition », vivant et mort en même temps.

1600

Robert Boyle *The Sceptical Chymist* (*Le chimiste sceptique*) (1661)

1700

Antoine Lavoisier *Traité élémentaire de chimie* (1789)

1800

John Dalton *New System of Chemical Philosophy* (*Nouveau système de philosophie chimique*) (1808)

1825

Friedrich Wöhler *Grundriss der Organischen Chemie* (*Éléments de chimie organique*) (1840)

1850

Dmitri Mendeleïev *La Dépendance entre les propriétés des poids atomiques des éléments* (1869)

1875

Paul Ehrlich *Das Sauerstoffbedürfnis des Organismus* (*Le besoin d'oxygène de l'organisme*) (1887)

1900

Emil Fischer *Introduction to The Preparation of Organic Compounds* (*Introduction à la préparation des composés organiques*) (1909)

1910

1920

Linus Pauling *The Nature of the Chemical Bond, and the Structure of Molecules and Crystals* (*La nature de la liaison chimique et la structure des molécules et des cristaux*) (1939)

1940

1945

Dorothy Crowfoot Hodgkin « X-ray Crystallographic Investigation of the Structure of Penicillin » (*Recherches cristallographiques aux rayons X sur la structure de la pénicilline*) (1949)

1950

Frederick Sanger « The amino-acid sequence in the phenylalanyl chain of insulin » (*La séquence des acides aminés de la chaîne phénylalanyle de l'insuline*) (1951)

1955

Chimie

L'image populaire de l'homme de science est celle d'un excentrique en blouse blanche, bricolant dans un laboratoire rempli de substances chimiques en train de bouillonner. La technologie chimique a progressé au fil des siècles, mais le concept de base n'a pas changé. Ce chapitre présente quelques grands personnages, que la détermination et, parfois, la chance, a élevés au-dessus de leurs pairs.

Nomenclature chimique

Le système nommant les éléments chimiques a grandement changé à l'époque moderne. L'un des premiers hommes de science à nommer les éléments a été Antoine Lavoisier (voir page 64) qui a tenté de leur donner des noms décrivant leur action. Hydrogène, par exemple, signifie « producteur d'eau », et désigne sa capacité de former de l'eau lorsqu'il est combiné à l'oxygène. Oxygène, autre nom conféré par Lavoisier, signifie « producteur d'acide », car il le tenait pour l'ingrédient essentiel des acides – il se trompait, mais le nom est resté. Lavoisier a aussi nommé le carbone, du latin pour « charbon ardent ».

Sir William Ramsay a nommé plusieurs éléments de la même manière, dont l'argon (signifiant *paresseux*, évoquant son caractère inerte), le xénon (signifiant *étrange*) et le krypton (de *caché*, car il est très rare).

Le système moderne de dénomination des éléments a été conçu après une série de disputes sur la préséance quant à l'invention ou à la découverte d'un élément nouveau. La controverse entourant le nom de l'élément chimique au numéro atomique 105 en est un bon exemple.

Les éléments aux numéros atomiques élevés sont inhéremment instables et n'existent pas dans la nature.

Deux laboratoires – l'Institut associé de recherche nucléaire de Dubna (l'ancienne Union Soviétique) et le Berkeley Laboratory de l'université de Californie (États-Unis) – pensaient l'avoir découvert et avaient proposé des noms. Les Soviétiques voulaient l'appeler nielsbohrium, d'après Niels Bohr (voir page 54), les Américains préféraient hahnium, d'après Otto Hahn.

Tentant d'apaiser le conflit, l'International Union of Pure and Applied Chemistry (IUPAC) – l'organisme officialisant les noms des éléments – a conçu un modèle systématique irréfutable, désignant les éléments ayant un numéro atomique plus grand que 100.

« La tentative de Lavoisier de réforme de la nomenclature chimique est prématurée. Une seule expérience peut détruire toute la filiation de ses termes… »

Thomas Jefferson

Chaque chiffre du numéro atomique de l'élément est attribué à une racine selon le schéma suivant :

0 = nil, 1 = un 2 = bi, 3 = tri, 4 = quad, 5 = pent, 6 = hex, 7 = sept, 8 = oct, 9 = enn

Les trois racines sont ensuite réunies et le suffixe –ium ajouté. Ainsi, l'élément atomique 105 est nommé unnilpentium. Le symbole chimique est formé par les initiales des trois racines, donc Unp.

Pour finir, l'unnilpentium a reçu quand même un nom vernaculaire. En 1997, l'IUPAC a décidé que l'équipe soviétique (devenue russe à cette date-là) avait la priorité scientifique. Au lieu de lui attribuer le nom précédemment controversé de nielsbohrium, l'IUPAC a suggéré dubnium, d'après l'emplacement du laboratoire l'ayant découvert.

Les noms les plus récents officialisés par l'IUPAC sont flerovium (Fl, 114) et livermorium (Lv, 116), les deux nommés d'après les laboratoires nucléaires les ayant découverts : le Flerov Laboratory for Nuclear Reactions et le Lawrence Livermore National Laboratory.

Robert Boyle
Comprendre la nature des gaz

Né
1627, Lismore, Irlande

Décédé
1691, Londres, Angleterre

Passionné par l'alchimie, sujet qui, au XVIIe siècle, était étudié par un réseau secret de personnages en quête d'un moyen de transformer les métaux vils en argent et en or, Robert Boyle a réalisé de nombreuses expériences sur la matière.

En 1661, Boyle s'est éloigné de l'obsession des alchimistes pour le secret en publiant son travail révolutionnaire, *Le chimiste sceptique*, où il prônait que la matière est formée d'atomes et de conglomérats d'atomes. Pour lui, ces atomes se déplaçaient et entraient en collision les uns avec les autres, collisions susceptibles de former de nouveaux conglomérats, aux propriétés nouvelles. Point essentiel, il affirmait que les atomes restaient inchangés et que, dans les conditions appropriées, ces nouveaux conglomérats pouvaient être divisés dans leurs éléments d'origine.

Boyle a aussi réalisé des expériences sur les propriétés de l'air avec Robert Hooke (1635-1703), grâce à la pompe à air sophistiquée développée par celui-ci. Une bougie allumée avait été placée sous une cloche en verre, dont l'air avait été extrait avec la pompe. La flamme s'était éteinte. Un charbon ardent avait cessé de rougeoyer sous la cloche sans air, mais s'était enflammé de nouveau quand l'air avait été repompé dans la cloche avant qu'il refroidisse. Clairement, l'air était nécessaire pour que les choses brûlent. En utilisant le même équipement, Boyle et Hooke ont constaté que l'air était également important pour la transmission du son : en plaçant une clochette sous la cloche en verre, ils en ont extrait l'air, puis frappé la clochette. Le son était inaudible sous la cloche dépourvue d'air.

Boyle a donc conclu à l'existence d'une relation entre volume et pression, mais réalisé que pour arriver à des découvertes spécifiques il devait changer un paramètre à la fois. En étudiant les gaz, il a identifié quatre variables à prendre en compte : le volume du gaz, sa température, sa pression et la contenance du récipient le contenant. Au cours de ses recherches, Boyle a maintenu le volume du gaz et sa température, mais varié le volume du récipient ou la pression. Lorsqu'il a diminué de moitié le volume du récipient, la pression du gaz a doublé. Quand il a diminué la pression environnante, le volume du récipient s'est accru. On appelle maintenant cette relation loi de Boyle – pour une masse fixe de gaz, la pression et le volume sont inversement proportionnels. Cela a posé les bases de toutes les études ultérieures sur les propriétés physiques des gaz.

Boyle est plus connu pour sa loi décrivant la relation inversement proportionnelle entre la pression et le volume d'une quantité fixe de gaz dans un système fermé à température constante.

Antoine Lavoisier
Nommer les gaz

Vers le milieu des années 1600, les hommes de science ont évoqué une substance appelée *phlogiston* dans leur tentative d'expliquer le feu. Cette composante combustible était censée être présente dans toutes les substances susceptibles de brûler. Ce n'est qu'au XVIIIe siècle qu'Antoine-Laurent de Lavoisier a démontré que le phlogiston était une pure invention, et que c'était la présence d'oxygène qui permettait aux choses de brûler.

Éduqué au prestigieux Collège des Quatre-Nations de Paris, Lavoisier a étudié de nombreux sujets, dont l'astronomie, la chimie, les mathématiques et la botanique. À 21 ans, il a suivi des cours pour devenir avocat, mais sa carrière a changé de direction lorsqu'il a suivi sa passion pour la chimie, très populaire à l'époque suite aux découvertes des gaz par le chimiste Joseph Priestley (1733-1804). Celui-ci a identifié un gaz, l'air « dephlogistiqué », nommé par la suite oxygène par Lavoisier.

En procédant à des expériences sur la combustion dans une tentative de discréditer la théorie du phlogiston, Lavoisier utilisait une installation expérimentale où les objets pouvaient être brûlés et les produits résultants pesés. Ses résultats ont conduit à la publication en 1777 d'un article intitulé *Mémoire sur la combustion en général*. Il y précisait que les objets combustibles ne brûlent que dans un type particulier l'air – l'air « dephlogistiqué » de Joseph Priestley – et que, placé dans un vide, le feu s'éteint rapidement.

Point essentiel, il a aussi noté que le poids de l'objet brûlé augmentait en proportion exacte de la quantité d'air pur détruite ou décomposée – principe d'une énorme importance, la conservation de la masse. Il affirmait : « L'existence de la matière du feu, du phlogistique, dans les métaux, le soufre, etc., n'est réellement qu'une hypothèse. »

S'intéressant aussi à la formation des acides, il a renommé en 1778 l'air déphlogistiqué de Priestley oxygène – du grec « formateur d'acide » –, en partant de l'idée qu'il entrait dans la composition de tous les acides. Cette erreur a été démontrée par la suite. Il a aussi nommé l'hydrogène en 1783 et conçu des noms pour plus de trente autres éléments, la plupart encore en usage.

À la mort de Lavoisier (guillotiné pendant la Révolution française), le mathématicien Joseph-Louis Lagrange (1736-1813) avait remarqué « Il n'a fallu qu'un moment pour faire tomber cette tête, et cent années, peut-être, ne suffiront pas pour en reproduire une semblable. »

Né
1743, Paris, France

Décédé
1794, Paris, France

Lavoisier a démontré que l'eau pouvait être décomposée en ses deux gaz constituants, l'hydrogène et l'oxygène. La formule chimique H_2O est connue de nos jours par tous les enfants, mais avant Lavoisier la composition de l'eau était un mystère.

John Dalton
Expliquer les réactions chimiques

Né
1766, Eaglesfield, Angleterre

Décédé
1844, Manchester, Angleterre

Difficile d'imaginer un monde où le concept familier d'éléments distincts faits d'atomes aux propriétés chimiques particulières est absent. Ce ne fut pourtant pas avant qu'un jeune Anglais, John Dalton, intéressé par le climat, se soit intéressé à une théorie atomique de la chimie, que l'image actuelle a émergé.

Né dans une famille de quakers, Dalton a été enseignant de mathématiques et de philosophie naturelle pendant la majeure partie de sa vie. Passionné de bonne heure par les mathématiques et la météorologie, il a travaillé avec le météorologue et fabricant d'instruments Elihu Robinson. Son intérêt pour les gaz atmosphériques l'a conduit à proposer la loi des pressions partielles des mélanges gazeux, loi portant son nom. Celle-ci affirme que la pression totale exercée par un mélange de gaz est égale à la somme des pressions individuelles qu'exercerait chacun des gaz s'il occupait seul le volume entier. Il avait conclu que les atomes de chaque gaz ont une nature fondamentale qui explique leurs interactions chimiques.

Cette proposition d'une théorie atomique de la chimie lui avait été inspirée par la loi de la conservation de masse de Lavoisier (voir page 64) et la loi des proportions définies de Joseph Louis Proust, qui affirme que le poids des constituantes d'un composé respecte toujours un même ratio, quelle que soit la quantité de substance initiale.

En 1803, Dalton a publié un tableau portant sur le poids atomique de six éléments – hydrogène, oxygène, azote, carbone, soufre et phosphore, qui assignait à l'élément hydrogène, le plus léger connu, la valeur 1. Dalton basait ses idées sur des observations empiriques, ce qui l'a probablement conduit à lister le poids atomique de l'oxygène comme 7 au lieu du 8 actuel.

Lors d'une conférence la même année devant la Royal Institution of Great Britain, Dalton a proposé une théorie atomique à part entière reposant sur plusieurs principes clés : toute matière est composée d'atomes d'un seul et même type, qui ne peuvent pas être produits ou détruits ; tous les atomes du même élément sont identiques ; les différents éléments ont des types différents d'atomes ; les réactions chimiques se produisent quand les atomes sont arrangés de nouveau ; et les choses sont formées des atomes des éléments constituants.

Dalton se trompait en tenant que la molécule d'eau est formée d'un atome d'hydrogène et d'un atome d'oxygène, HO au lieu de H_2O. Malgré cela, ses théories ont passé l'épreuve du temps.

En classant les éléments en fonction de leur poids atomique, **Dalton** a donné un premier aperçu de la structure du noyau atomique. Même s'il ne connaissait pas les protons et les neutrons, sa table a contribué à l'idée que les éléments ont des propriétés chimiques spécifiques.

Friedrich Wöhler

Synthétiser des composés organiques

Une tradition scientifique tient qu'avant de faire des expériences sur les autres, il est juste de procéder à des expériences sur soi-même. De nombreux développements médicaux n'auraient jamais pris place en l'absence de ce précepte simple. Friedrich Wöhler l'a fait, et son article sur la manière dont les déchets passent dans l'urine, est un classique du genre.

Après avoir obtenu son doctorat en 1823 à l'université d'Heidelberg, Wöhler semblait destiné à une carrière de médecin. Mais en assistant à des conférences du chimiste Leopold Gmelin (1788-1853), il a préféré se tourner vers l'étude de la chimie, pour laquelle il était très doué. Gmelin a aidé Wöhler à passer une année avec le chimiste suédois Jöns Jakob Berzelius (1779-1848) à Stockholm, où il est devenu un grand chercheur expérimentaliste.

La plus grande contribution de Wöhler à la science, faite à son retour de Suède en Allemagne, est le mieux exprimée par ses propres mots : « Je ne peux retenir mon urine ! Je peux faire de l'urée sans recourir au rein, d'homme ou de chien. » Autrement dit, il a découvert comment synthétiser de l'urée par la réaction du cyanure de plomb et de l'hydroxyde d'ammonium, première création d'un produit naturel à l'extérieur d'un organisme vivant. Cette découverte a démontré aussi le concept d'isomérie – la notion que deux composés distincts peuvent avoir la même formule chimique.

Wöhler a contribué aussi à de grandes avancées en isolant plusieurs métaux, notamment le bore, le silicium, le béryl, le titane et surtout l'aluminum. Nombre de grands chimistes, dont son mentor Berzelius et Humphrey Davy (1778-1829), avaient tenté sans succès d'isoler l'aluminum. En traitant le chlorure anhydre d'aluminum avec un amalgame de potassium, Wöhler a réussi là où ils avaient échoué.

Pourtant, son nom est resté dans l'histoire pour sa synthèse de l'urée. La découverte de ce processus de création est considérée si capitale qu'on la tient souvent pour la naissance de la chimie organique – la chimie des substances contenant du carbone.

Né
1800, Eschersheim, Allemagne

Décédé
1882, Göttingen, Allemagne

La synthèse d'un composé organique à l'extérieur d'un corps vivant, réalisée par **Wöhler**, a été un coup dur pour la théorie du vitalisme, qui prônait que les processus vivants étaient en quelque sorte uniques aux organismes vivants.

Dmitri Mendeleïev

Classifier les éléments chimiques

Né
1834, Tobolsk, Sibérie, Russie

Décédé
1907, Saint-Pétersbourg, Russie

Né dans la ville sibérienne de Tobolsk, Mendeleïev a apporté sa plus importante contribution à la chimie à 35 ans, lorsqu'il enseignait à l'université de Saint-Pétersbourg. À l'époque, la chimie avait fait de grands progrès depuis les alchimistes du XVIIe siècle, persuadés que les matériaux pouvaient être transformés l'un en l'autre.

Les chimistes savent maintenant que sur le plan chimique les matériaux sont constitués d'éléments immuables, qui se combinent en molécules. Une question taraudait beaucoup de chimistes de son époque : pourquoi les différents matériaux avaient-ils parfois le même aspect et le même comportement ? Basé à l'université de Saint-Pétersbourg, Mendeleïev s'est penché sur les similarités de comportement des différents éléments.

Selon ses notes, la disposition de sa table périodique lui est apparue dans un éclair d'inspiration lorsqu'il rédigeait un nouveau manuel, *Les Principes de la chimie*. Le 17 février 1869, Mendeleïev s'est assis avec 63 cartes marquées du nom d'un élément, de son poids atomique et de ses propriétés physiques et chimiques, l'ensemble des éléments connus à son époque. En disposant les cartes sur une grille, Mendeleïev a réalisé qu'il pouvait les placer de sorte que le poids atomique s'accroissait en descendant la colonne, les éléments de la même rangée partageant des propriétés similaires. La première colonne commençait par le lithium, suivi par le béryllium, le bore, le carbone, l'azote, l'oxygène et le fluor.

Dans une table périodique moderne, la grille a subi une rotation latérale, cette série d'éléments apparaissant maintenant sur la première rangée. De même, il a groupé certains éléments selon leurs propriétés, même si les poids ne respectaient pas le modèle. Il a supposé, avec justesse, que certains éléments restaient à découvrir et que les poids atomiques de certains étaient erronés. Avec le temps, les éléments manquants ont été découverts et les poids atomiques corrigés, le tout correspondant aux prédictions de Mendeleïev. Il est astucieux de concevoir un système expliquant ce qui est connu ; utiliser cette explication pour faire des prédictions justes est remarquable.

La table périodique reste à ce jour la carte permettant aux chimistes et aux physiciens d'explorer le monde des éléments et de caractériser avec confiance leurs propriétés.

Mendeleïev a conçu la table périodique, où les éléments sont disposés en groupes (colonnes) et périodes (lignes) selon leurs propriétés. Il a laissé des places vides dans sa table, prédisant – sans se tromper – que certains éléments restaient à découvrir.

Emil Fischer
Déchiffrer la chimie du sucre

Hermann Emil Fischer, chimiste brillant, a déchiffré la structure de plusieurs substances organiques essentielles avant d'en créer d'autres en laboratoire. Il est le plus connu pour son travail sur les sucres tels que le fructose et le glucose.

Travaillant initialement avec son père dans le commerce du bois, Emil Fischer a été convaincu par son cousin Otto d'étudier la chimie, d'abord à l'université de Bonn, puis à Strasbourg avec l'éminent professeur Adolf von Baeyer (1835-1917). Devenu son assistant, Fischer a synthétisé une substance, la phénylhydrazine, utilisée par les industries des teintures et pharmaceutique, qui lui a ouvert une brillante carrière dans la chimie organique.

Ses plus célèbres travaux ont été réalisés à l'université de Erlangen, où il s'était installé en 1881. Pour commencer, il a étudié nombre de principes actifs du thé et du café, particulièrement la caféine et la théobromine, et réalisé leur synthèse.

Continuant son travail sur les composés présents dans les excréments animaux, dont l'acide urique et la guanine, ainsi que l'adénine, il a commencé à réaliser que tous, y compris la caféine, appartenaient à la même famille, celle des purines.

En 1885, Fischer est nommé professeur de chimie à l'université de Würzburg. Durant la décennie suivante, il a concentré ses recherches sur la chimie des sucres. Ses travaux méthodiques sur la réaction de composés et leur dégradation lui ont permis d'établir la configuration stéréochimique (structure tridimensionnelle) de tous les sucres connus. (Ce faisant, il avait développé la projection Fischer, encore utilisée à ce jour, méthode de représentation des molécules des atomes de carbone.)

En 1890, il a découvert la relation entre glucose et fructose et réussi à synthétiser les deux – sa plus grande découverte, le premier pas vers la production artificielle des sucres complexes rares dans la nature.

Fischer a aussi beaucoup travaillé sur les protéines et les enzymes, suggérant un modèle de type « clef et serrure » pour décrire l'interaction enzyme-substrat, donnant une définition précise de la complémentarité moléculaire, concept important de la biochimie.

Né
1852, Euskirchen, Allemagne

Décédé
1919, Berlin, Allemagne

Dans le cadre de ses recherches sur la chimie organique, **Fischer** a analysé les acides aminés et découvert la nature des liaisons les unissant pour créer des protéines – percée révolutionnaire de la biochimie.

Paul Ehrlich
Appliquer la chimie à la médecine

Né
1854, Strehlen, Allemagne

Décédé
1915, Bad Homberg, Allemagne

Paul Ehrlich a eu une énorme influence sur le développement de ce qu'on appelle actuellement des médicaments « miracle ». Son concept de « balle magique » – terme par lequel il désignait les produits chimiques synthétiques – se liant aux récepteurs d'une maladie cible et la détruisant est encore au centre de l'industrie pharmaceutique et de la manière dont on traite de nos jours les maladies.

Le travail d'Ehrlich dans ce domaine a débuté par des recherches sur la coloration des tissus animaux. Il a découvert en 1882 une méthode de coloration du bacille de la tuberculose encore utilisée actuellement, bien que sous une forme modifiée. En 1899, devenu directeur de l'Institut royal de thérapie expérimentale nouvellement fondé à Francfort, Ehrlich s'est penché sur la chimiothérapie – plus spécifiquement sur la manière dont la structure chimique des médicaments se rapportait à leur mode d'action dans la cellule et à leur affinité pour les composants de celle-ci. Il a formulé sa « théorie de la réponse immunitaire » centrée sur l'interaction entre les antigènes et les anticorps, expliquant la manière dont les colorants spécifiques se lient chimiquement à des emplacements spécifiques dans la cellule (chaînes latérales). En 1900, avec son assistant, le bactériologiste Julius Morgenroth, ils ont renommé les chaînes latérales « récepteurs ». Ehrlich a commencé à étudier des produits chimiques synthétiques (ses balles magiques) capables de se lier aux récepteurs d'une maladie cible – que ce soit une cellule cancéreuse, une molécule enflammée, un virus ou une bactérie – et la détruire, ou du moins la neutraliser.

Après avoir testé des centaines de substances, il a fini par découvrir un colorant, le rouge trypan, actif contre les trypanosomes. Se mettant à travailler sur la syphilis, causée par le spirochète *Treponema pallidum*, découvert depuis peu, il a testé différents composés d'arsenic. Son assistant, Sahachiro Hata, a découvert que le composé 606 soignait la syphilis chez les lapins, puis chez l'homme. Commercialisé en 1910 sous le nom Salvarsan, il a été le premier médicament de synthèse contre la syphilis avant une variante perfectionnée, le Neosalvarsan, en 1912.

La chimiothérapie n'a été largement utilisée qu'avec la production à grande échelle de la pénicilline très efficace contre la syphilis durant la Deuxième Guerre mondiale. Actuellement, ce terme désigne exclusivement le traitement de diverses formes de cancer. Combattre la maladie par des médicaments ciblés est maintenant un concept pratiquement universel.

Ehrlich avait découvert que les colorants permettaient une meilleure étude sous le microscope. Il a classé ses colorants en trois groupes : basophile, acidophile ou neutrophile. Son travail sur les structures colorées des globules sanguines a posé les bases de l'hématologie moderne.

Linus Pauling
Expliquer la liaison carbone

Se voir décerner un prix Nobel est assurément le sommet de la carrière de tout scientifique. Vu la nature de la recherche scientifique, la possibilité d'en obtenir un tout seul est de moins en moins réaliste. Cela rend les deux prix Nobel de Linus Pauling – un pour la chimie, un pour la paix – encore plus remarquables.

L'exploit de Pauling est moins surprenant lorsqu'on considère l'ampleur de ses intérêts et ses centaines d'articles scientifiques publiés sur des sujets extrêmement variés, depuis la diffraction des rayons X et la structure des métaux aux protéines, aux anticorps et à l'hémoglobine.

Toutefois, ce sont ses travaux sur la nature des liaisons chimiques qui ont inscrit son nom dans l'histoire de la science. Son intuition l'a conduit à combiner les théories de la mécanique quantique, nouvelles à l'époque, et la théorie de la nature des liaisons chimiques. En 1932, il a introduit une explication de la structure du carbone faisant appel à la mécanique quantique ; pour les physiciens, le carbone devait former deux liaisons fortes, pour les chimistes, il en formait quatre, la structure classique en tétraèdre. Pauling s'est servi des fonctions d'onde de la mécanique quantique pour décrire les positions orbitales de ces quatre électrons ; ses calculs ont montré que le carbone a un caractère tétravalent.

En 1939, Pauling a publié ce qui allait devenir le traité de chimie le plus influent de tous les temps : *La Nature de la liaison chimique et la structure des molécules et des cristaux*. Malgré le sujet difficile, il est devenu un manuel de référence, cité encore maintenant, plus de soixante ans après sa publication.

En 1954, il a reçu le prix Nobel de chimie pour ses recherches sur la nature de la liaison chimique et ses applications. L'opposition inlassable de Pauling aux bombes qui ont mis fin à la Deuxième Guerre mondiale et initié la guerre froide lui a valu un prix Nobel pour la paix huit ans plus tard, en 1962.

Par ailleurs, Pauling est, du moins en partie, responsable de l'idée que la vitamine C est efficace quant à la prévention et à la diminution de la gravité du rhume et à la prévention du cancer, bien que cette efficacité soit encore fortement débattue.

Né
1901, Portland, États-Unis

Décédé
1994, Big Sur, États-Unis

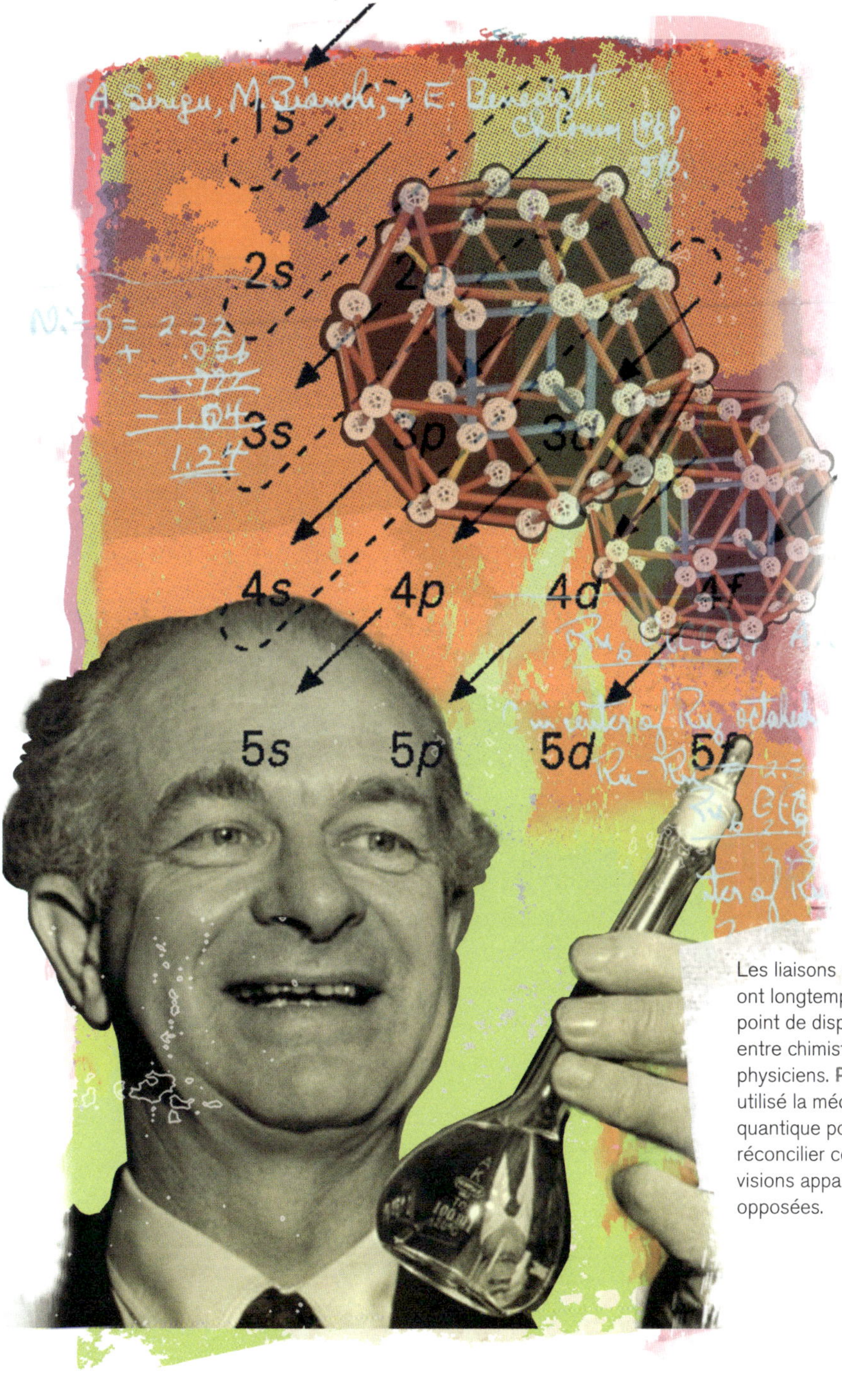

Les liaisons carbone ont longtemps été un point de dispute entre chimistes et physiciens. **Pauling** a utilisé la mécanique quantique pour réconcilier ces deux visions apparemment opposées.

Dorothy Crowfoot Hodgkin

Observer la structure des molécules

Née
1910, Le Caire, Égypte

Décédée
1994, Shipston-on-Stour, Angleterre

Vers la fin du XIXe siècle, les chimistes ont commencé à calculer la forme de certains des grands composés de carbone essentiels pour la vie. Ils ont fait des suppositions sur la formation des liaisons et bâti des modèles à échelle pour décrire les structures composées. Même si l'exercice fonctionnait assez correctement pour les petites molécules, il échouait pour les grandes.

Dans les premières années du XXe siècle, les scientifiques ont commencé à réaliser qu'en faisant passer des rayons X à travers les cristaux, ils obtenaient des modèles sur du papier photosensible. En théorie, quand les rayons X frappent un cristal, les électrons entourant chaque atome dévient ce faisceau. Comme un cristal compte beaucoup d'atomes disposés selon des motifs répétitifs, les rayons X montrent une série de taches claires et foncées. La mesure de l'intensité et de la position relative de chaque tache donne des indices quant aux positions relatives des atomes dans le cristal. L'étude de la structure tridimensionnelle des composés devenait donc possible.

Née au Caire (Égypte) et éduquée à l'université d'Oxford, Dorothy Crowfoot Hodgkin a développé les techniques de radiocristallographie. L'un de ses premiers succès a été la découverte de la structure d'une petite protéine, la pepsine. La découverte de la structure de l'insuline lui a pris 34 ans.

Dans les années 1930 et 1940, la pénicilline, antibiotique antimicrobien, est entrée en scène. Les espoirs cliniques placés sur ce médicament ont été réduits à néant par la difficulté de le recueillir à partir de microbes. Il était impossible de le fabriquer par synthèse avant d'en connaître la structure. S'aidant de ses rayons X, Dorothy Hodgkin a constaté que la pénicilline présentait une caractéristique en anneau inhabituelle, appelée maintenant noyau bêta-lactame. Cette découverte a donné des indices notables quant au fonctionnement des antibiotiques.

Grâce à son travail original sur la radiocristallographie déchiffrant la structure chimique de la pénicilline et de l'insuline, Dorothy Hodgkin a permis leur synthèse, les rendant largement accessibles. Elle a démontré qu'on peut regarder à l'intérieur des molécules, voir leur structure, déterminer leur fonction et de réaliser la synthèse de médicaments capables de les affecter. La biochimie et l'industrie pharmaceutique n'ont plus jamais été les mêmes.

Dorothy Hodgkin a montré que la connaissance de la structure tridimensionnelle des molécules permettait de recréer celles-ci par synthèse.

Frederick Sanger
Déchiffrer le langage de l'ADN

Né
1918, Rendcomb, Angleterre

Recevoir le prix Nobel est un exploit rare, en recevoir deux est exceptionnel. Frederick Sanger a reçu le premier pour avoir démontré la manière dont les acides aminés se lient afin de former l'insuline, le second pour avoir développé une méthode permettant de déterminer la séquence des « lettres » formant le code génétique.

Lors de ses études à l'université de Cambridge, Sanger s'est tourné vers la biochimie. Rejoignant une équipe étudiant la structure des protéines, il s'est intéressé à l'insuline. Au début de ses recherches, il était possible d'étudier la protéine au microscope électronique et de voir sa forme globale, ou de la transformer chimiquement en un bouillon de 22 composantes, les acides aminés. Les scientifiques savaient que ces acides aminés sont normalement en une longue chaîne, sans connaître cependant leur ordre dans cette chaîne.

Lors de ses expériences, Sanger marquait la fin de la chaîne avec un colorant qui subsistait même si celle-ci est démantelée. Brisant la chaîne en fragments de deux, trois, quatre, cinq ou plusieurs acides aminés, il identifiait l'acide aminé de la fin de chacun des fragments. En 1951, il a ainsi réussi à déterminer l'ordre des 51 acides aminés de la molécule d'insuline. La même méthode sert à analyser n'importe quelle protéine.

S'attaquant à une autre structure en chaîne, l'acide désoxyribonucléique – l'ADN –, Sanger a tenté de déterminer la séquence de ses bases, séquence renfermant les instructions génétiques produisant le corps.

Le code ADN est écrit en utilisant les bases A, C, T et G en séquences de trois à la fois. Chaque séquence est appelée triplet ADN ou codon. La plupart des groupes de code représentent un acide aminé, les autres renfermant la grammaire de la séquence ADN. Par exemple, le codon TAA signifie « stop », commande essentielle disant à la cellule quand arrêter la production de protéines.

Sanger a généré des fragments de cette séquence, chacun s'achevant par une base différente. En mesurant la longueur de chaque fragment, il a montré qu'on peut déterminer la séquence complète. Cela a permis aux scientifiques de calculer par ordinateur les séquences très longues, dont la séquence de trois milliards de bases constituant le génome humain – l'ADN à l'intérieur du noyau de chaque cellule humaine.

Grâce en particulier à son travail sur le séquençage de la structure de l'insuline, **Sanger** a montré que les acides aminés se lient pour former des protéines. Il a démontré aussi la lecture du code génétique, utilisant les triplets d'ADN (codons) pour déterminer la séquence de ses bases.

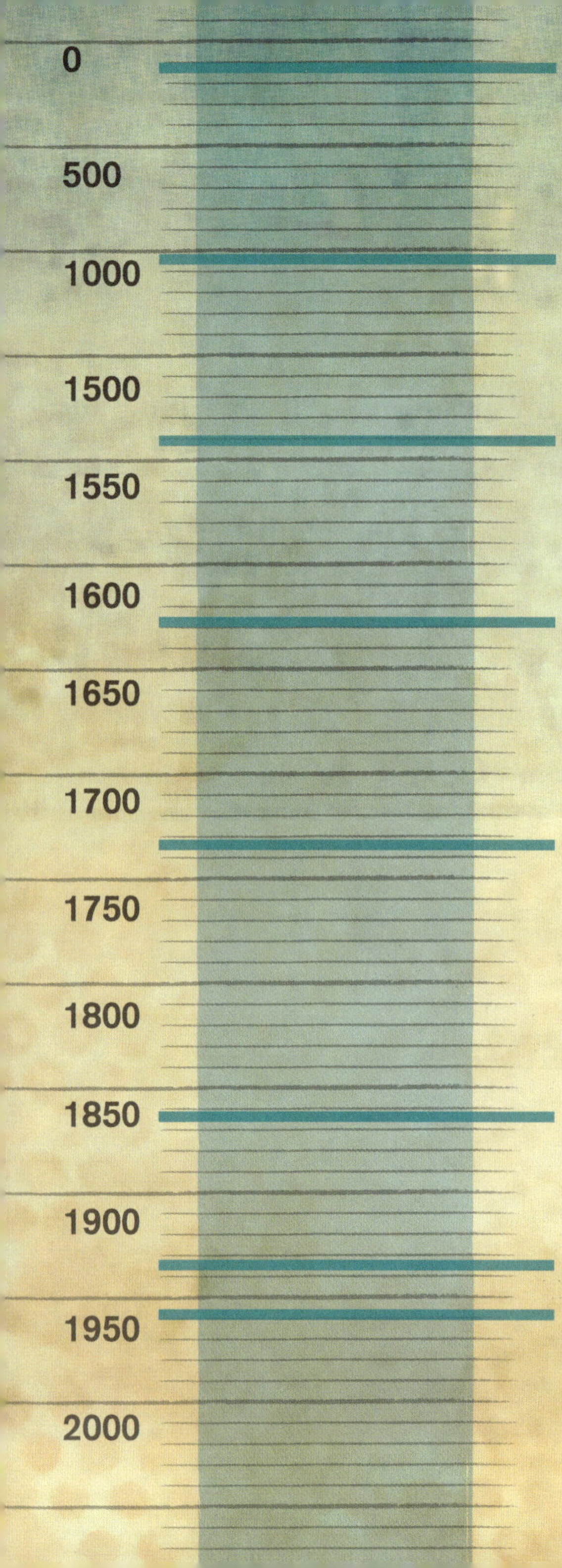

Claude Galien *De libris propriis* (*De mes travaux*) (IIe siècle)

Avicenne *Kitab al-Shifa'* (*Le Livre de la guérison*) (1020)

André Vésale *De humani corporis fabrica* (*À propos de la structure du corps humain*) (1543)

William Harvey *« De Motu Cordis »* (*La circulation du sang : du mouvement du cœur chez l'homme et les animaux*) (1628)

Carl von Linné *Systema Naturae* (*Système de la nature*) (1735)

Claude Bernard *Introduction à l'étude de la médecine expérimentale* (1865)

Karl Landsteiner *Die Spezifität der serologischen Reaktionen* (*La Spécificité des réactions sérologiques*) (1936)

Carl Djerassi *Optical Rotatory Dispersion* (*Dispersion optique rotatoire*) (1960)

Systèmes biologiques

La biologie est l'une des sciences les plus diversifiées, étudiant tous les êtres, depuis la plus simple des plantes aux organismes les plus complexes. Les biologistes précurseurs de ce chapitre, de la Grèce ancienne à nos jours, ont contribué aux extraordinaires avancées dans la compréhension des royaumes végétal et animal.

Anatomie

L'étude de l'anatomie humaine a une histoire complexe. Au fil du temps, les anatomistes ont gagné des aperçus significatifs quant au fonctionnement du corps, ce qui a radicalement affecté la manière dont les médecins et les chirurgiens tentaient de soigner les maladies ou de traiter les blessures.

Que vous soyez ou non à l'aise avec l'idée de fouiner dans les cadavres dépend beaucoup de votre idée de la nature de la vie. Tout au long de l'histoire, certaines sociétés l'ont tenu pour une intrusion horrifiante dans le corps de la personne, d'autres l'ont utilisé comme punition suprême pour les assassins condamnés. D'autres encore s'en sont servies pour deviner l'avenir ou étudier le fonctionnement du corps humain.

Les plus anciennes mentions d'études anatomiques ont été trouvées sur des fragments de tablettes d'argile remontant aux environs de 4000 AV. J.-C. découverts à Ninive, cité située dans le nord de l'Irak actuel. Dans les temples, les prêtres façonnaient des modèles en argile d'organes, comme le foie et les poumons de mouton, utilisant leurs observations pour un genre de divination.

Une compréhension plus avancée de l'anatomie apparaît dans les papyrus datant de 1000 AV. J.-C. découverts en Égypte. Ils montrent une connaissance relativement complexe des yeux, du système digestif et des os. Une bonne partie de ce savoir découlait probablement de la pratique de momification.

Selon Tertullien, historien qui vivait dans l'ancienne cité de Carthage (Tunisie actuelle) vers l'an 200, l'étude de l'anatomie humaine avait pris son essor à Alexandrie, en Égypte. Il raconte que Hérophile (v. 335–v. 280 AV. J.-C.) et Erasistrate (v. 310-v.250 AV. J.-C.) avaient pratiqué la vivisection de quelque 600 criminels. Selon l'érudit romain Celse (v. 30 AV. J.-C.–45 J.-C.), Hérophile avait obtenu ces criminels « vivants pour la dissection et avait regardé, alors qu'ils respiraient encore, les parties que la nature avait dissimulées précédemment ».

« (Le cœur) est la divinité domestique qui, s'acquittant de sa fonction, nourrit, chérit, stimule l'ensemble du corps et est effectivement la fondation de la vie, la source de toute action. »

Willam Harvey

Tout son travail a été perdu, apparemment dans le grand incendie qui a détruit la bibliothèque d'Alexandrie au début de l'époque chrétienne.

Une grande avancée est due au médecin grec Claude Galien (v.129-v. 200), qui a acquis une bonne partie de ses connaissances d'anatomie en soignant les gladiateurs blessés de Rome. Entre les observations de Galien et la fin du XVe siècle, les connaissances anatomiques se sont très peu enrichies. La dissection était religieusement repoussante et moralement contestable. Le travail de Galien, référence classique, a été traduit en bien des langues. En 1490, l'école médicale de Padoue (Italie), faisant autorité dans le monde entier, a ouvert un nouvel amphithéâtre anatomique. Cela a incité des personnages tels que Léonard de Vinci (1452-1519) et André Vésale (1514-1564) à utiliser la dissection pour tenter de comprendre ce qui se passait à l'intérieur du corps.

Le XVIIe siècle et le XVIIIe ont vu en Europe l'aube des Lumières, âge d'or de la science, où les philosophes et les savants se sont mis à questionner les convictions précédentes, qui voyaient tout ce qui était associé à la vie en termes de forces purement spirituelles, et ont cherché des explications mécaniques, vérifiables. L'étude de l'anatomie est devenue alors un élément du processus de découverte du fonctionnement de la machine humaine, processus qui s'est poursuivi depuis lors.

Claude Galien
Comprendre l'anatomie

Né
V.129, Pergame, Mysie [maintenant Bergama, Turquie]

Décédé
V. 200, lieu inconnu

À mesure que le christianisme a gagné du terrain, le corps humain est devenu une sorte de réceptacle, demeure de l'esprit. Le réceptacle avait peu d'intérêt, toute l'attention étant accaparée par l'esprit. Galien, fasciné par la structure physique du corps et désireux de savoir quel organe faisait quoi, n'était pas de cet avis.

Né dans une riche famille de Pergame, ville florissante située sur côte ouest de la Turquie actuelle, Galien a entamé l'étude de la médecine à 16 ans. À 20 ans, il s'est rendu à Smyrne (Grèce) pour étudier l'anatomie auprès du grand médecin Pelops. Au début de la trentaine, Galien s'est installé à Rome.

La préférence de l'Empire romain pour les sports sanguinaires, spécialement ceux impliquant les combats de gladiateurs, a offert à Galien un extraordinaire accès à des sujets d'étude. Témoin direct de blessures graves, il a réalisé l'existence de deux types différents de sang. Un type était foncé et s'écoulait lentement des vaisseaux tranchés. En disséquant les cadavres, Galien a découvert que ces vaisseaux aux parois minces allaient au foie. Le foie étant connecté de façon complexe aux intestins, il a conclu que la nourriture était décomposée dans ceux-ci pour former le chyle, passé au foie où il était transformé en sang. De là, le sang se dirigeait vers les autres organes du corps.

Galien a aussi noté qu'un vaisseau allait du foie au cœur. Il était convaincu que des spores permettaient le déplacement du sang entre les chambres du cœur. Ses observations sur des animaux, des cadavres et des soldats à l'agonie lui ont montré que le sang quittant le cœur était rouge vif et semblait chargé de vie. Quand un vaisseau était tranché, ce sang jaillissait et, si l'hémorragie n'était pas stoppée, la vie quittait rapidement le corps. Galien concluait que le cœur chargeait le sang d'esprit vital, la matière de la vie, que ce fluide distribuait ensuite d'un bout à l'autre du corps. Ses observations étaient correctes de bien des manières, même si ses conclusions étaient fausses. 1700 ans sont passés avant que William Harvey comprenne mieux le sang et sa circulation dans le corps.

Grâce à son contact direct avec les gladiateurs blessés, **Galien** a réalisé un grand nombre d'observations anatomiques essentielles, beaucoup se rapportant au sang.

Avicenne
Documenter le savoir médical

Né
980, Afshana,
Asie Centrale

Décédé
1037, Hamedan,
Perse

Avicenne a développé un système médical célèbre pour sa synthèse des éléments du savoir oriental et occidental, incluant les découvertes de Galien, la médecine islamique, la philosophie aristotélicienne et une gamme de concepts de la médecine traditionnelle indienne.

Avicenne est le nom donné en Occident à Ibn Sina, qui a vécu à l'époque d'or de l'islam (v. 700-1200) où la connaissance des mathématiques, de la philosophie et de la médecine se sont épanouies. Auteur prolifique, il est tenu pour avoir rédigé quelque 450 traités, dont 240 sont arrivés jusqu'à nous. Parmi ceux-ci, 40 concernent la médecine, d'autres traitant de musique, géométrie, astronomie, religion et philosophie.

Son œuvre médicale la plus connue est son *Canon de la médecine* en 14 volumes, traduit en latin par Gérard de Crémone au XIIe siècle et arrivé ainsi en Europe. Le *Canon* est formé de cinq livres et comporte un million de mots couvrant les principes généraux, la pharmacologie, les pathologies regroupées par organes, les maladies non spécifiques comme les fièvres et des recettes de remèdes. La partie de pharmacologie énumère 760 remèdes accompagnés de commentaires sur leur efficacité.

Le texte en arabe du *Canon* a été imprimé à Rome en 1593. De par son contenu encyclopédique et sa structure, son importance médicale a rapidement dépassé celle de l'œuvre de Galien. Il est resté un traité de chevet jusqu'au XVIIIe siècle. Dans le monde islamique, le *Canon* a gardé sa place longtemps après avoir été dépassé en Occident. Il est encore enseigné dans certaines écoles médicales d'Inde et du Pakistan.

Avicenne a introduit de nombreux concepts médicaux très présents de nos jours, comme les facteurs de risque, l'importance de l'alimentation, du climat et de l'environnement pour la santé, les essais cliniques, la contagion, la quarantaine et la médecine expérimentale. Il a été le premier à décrire l'anatomie de l'œil humain et des maladies oculaires comme la cataracte. Il a aussi réalisé que la tuberculose est contagieuse et que les maladies peuvent se répandre par l'intermédiaire du sol et de l'eau.

Qui plus est, Avicenne a été le premier à montrer un intérêt clinique pour la psychologie et la psychiatrie. De par son intérêt pour la chimie, il est tenu pour l'un des pionniers de l'aromathérapie.

Avicenne a été le premier à décrire correctement l'anatomie de l'œil humain et la physiologie des mouvements oculaires. Ses découvertes ont posé les bases de l'ophtalmologie moderne.

André Vésale

Défendre la dissection

André Vésale a posé un jalon marquant de la science médicale en publiant son traité, *À propos de la structure du corps humain*. Basé sur des recherches ayant eu recours à la dissection humaine, ce livre comporte des descriptions et des illustrations précises du squelette humain, des muscles, du système nerveux, des vaisseaux sanguins et des organes. Controversé à l'époque de sa publication, il a renversé les théories anatomiques de Galien ayant régné plus de mille ans.

Fils d'un pharmacien de Bruxelles, Vésale a étudié la médecine à Louvain (Belgique) en 1528, avant de s'installer à Paris en 1533. Revenu à Louvain en 1536 à cause des combats prenant place à l'époque en France, il a étudié ensuite à Padoue. À la Renaissance, il était habituel que les médecins étudient dans quelques écoles médicales renommées. Après une brève période en tant que chirurgien militaire, il enseignait à 24 ans l'anatomie et la chirurgie à l'université de Padoue.

Vésale préférait réaliser lui-même les dissections au lieu de laisser ce travail à un assistant, car pour lui il s'agissait d'un outil de recherche anatomique. Jusque-là, la dissection servait surtout à l'enseignement (d'ailleurs controversée, car utiliser le corps humain allait à l'encontre de plusieurs traditions religieuses). Son intérêt s'est accru lorsqu'un juge de Padoue lui a permis de travailler avec les cadavres des criminels exécutés.

Vésale critiquait la médecine de Galien, qui avait tenu le haut du pavé dans la profession médicale jusqu'à son époque. Par exemple, Vésale réfutait l'affirmation de Galien quant à l'existence d'un passage traversé par le sang entre les deux ventricules du cœur.

Initialement, le travail de Vésale a rencontré une considérable résistance à Padoue, puis en Espagne, où il est devenu le médecin du roi Charles V, puis, en 1555, du fils de celui-ci, Philippe II. Toutefois, vers la fin du XVIe siècle, la vision de l'anatomie humaine présentée par Vésale est devenue standard, largement traduite et propagée. Vésale a posé les bases des études plus détaillées des organes humains, sa compréhension correcte de l'anatomie humaine s'avérant essentielle pour le travail ultérieur de William Harvey sur la circulation du sang et pour d'autres recherches conduisant à voir le corps humain comme une machine efficace.

Né
1514, Bruxelles, Belgique

Décédé
1564, île de Zante, Grèce

Vésale a été l'un des premiers anatomistes à collaborer avec un dessinateur formé à l'anatomie. Son traité d'anatomie est illustré de gravures sur bois — probablement réalisées par un dessinateur allemand, Jan van Calcar — représentant dans des postures naturalistes le corps humain disséqué.

William Harvey
Découvrir la circulation du sang

Jusqu'au XVIIe siècle, les philosophes considéraient qu'on pouvait déduire le fonctionnement d'une chose en y réfléchissant et en voyant comment ses conclusions s'accordaient avec le travail de base des anciens, tels que Galien et Aristote. Avant William Harvey, effectuer des expériences et évaluer les données obtenues étaient des concepts inconnus.

Harvey respectait beaucoup les anciens, mais sa curiosité l'incitait à faire lui-même des recherches. Après des études à la plus célèbre école de médecine de Padoue (Italie), il est revenu en Angleterre. De par ses liens avec le roi Charles Ier, Harvey a obtenu la permission d'utiliser pour des expériences les cerfs du roi, ce qui lui a offert la rare possibilité d'étudier une large gamme de grands animaux. Les résultats de ses expériences contredisaient les idées établies.

Son point de départ pour les expériences sur le cœur a été l'idée ancienne que si les systèmes de la nature opèrent par cycles, tels que les saisons, le jour et la nuit, les mouvements de la Lune, le microcosme – le corps – devait fonctionner de la même manière. En réfléchissant au sang, il s'est demandé s'il circulait lui aussi selon un cycle.

Agissant d'abord en philosophe classique, il est passé à des expériences pratiques. En comptant le nombre de battements du cœur et en faisant des estimations rudimentaires du volume de sang susceptible d'être contenu dans le cœur, il avait réalisé qu'il y avait bien trop pour un voyage à sens unique vers le reste du corps. En occluant les veines et les artères entrant et sortant du cœur d'animaux aussi divers que les cerfs et les serpents, il a constaté que le sang arrivait au cœur par les veines et le quittait par les artères.

En faisant preuve d'imagination, il a suggéré que le sang passait des artères aux veines, puis aux organes. Il a fallu un autre demi-siècle avant que l'Italien Marcello Malpighi (1628-1694) aperçoive les capillaires à travers un microscope primitif et confirme la justesse de ses idées.

Le travail d'Harvey a jeté un pont entre la philosophie ancienne et le mode de réflexion scientifique. Selon Harvey, pour faire avancer la médecine on devait développer des théories, puis tester leur véracité par des expériences et des mesures.

Né
1578, Folkestone, Angleterre

Décédé
1657, Londres, Angleterre

En se basant sur les expériences et l'analyse des données, **Harvey** a été le premier homme de science à conclure que le sang circulait autour du corps, concept ayant conduit à repenser radicalement la nature de la vie.

Carl von Linné

Classifier les choses vivantes

Membre d'un groupe de « théologiens naturels » du XVIIIe siècle, le Suédois Carl von Linné était intimement convaincu que, Dieu ayant créé le monde, tout ce que celui-ci renfermait devait être ordonné et susceptible d'être compris. Ce désir d'organisation et de meilleure compréhension des choses, associé à sa curiosité scientifique naturelle, a fait de lui le père de la taxonomie moderne.

À l'époque de Linné, le mécanisme de la reproduction sexuelle des plantes venait juste d'être découvert. En étudiant les formes et les fonctions des organes de reproduction de nombreux spécimens végétaux, il a conçu un système de classification reposant sur le nombre et le type des étamines mâles productrices de pollen et des pistils féminins collectant le pollen et produisant les graines.

L'étude de Linné des organes sexuels des plantes a abouti à quelques résultats étranges. Par exemple, il a classé dans le même groupe les champignons, les mousses, les lichens, les algues et les fougères en raison de leur manque apparent d'organes sexuels. Son approche a été critiquée et par la suite supplantée par des systèmes prenant en compte bien d'autres attributs physiques des végétaux.

Une caractéristique majeure du système de Linné ayant subsisté à ce jour est sa méthode binominale désignant chaque espèce par un nom en deux parties, par exemple *Homo sapiens*. La première partie se réfère au groupe plus large d'organismes, le « règne », la seconde précise l'espèce individuelle dans le genre. Linné a conduit plus loin cette approche similaire à celle prônée par Aristote et regroupé les règnes en « classes », divisés en « ordres », partagées à leur tour en « familles », puis en « genres » et finalement en « espèces ».

Les nouvelles découvertes génétiques de la fin du XXe siècle ont conduit les biologistes à faire passer certains animaux et plantes d'un groupe à un autre. Bien que les tables des noms aient changé, le concept global de Linné s'est cependant avéré durable. Il est encore utilisé dans l'étude de la biologie.

Né
1707, Råshult, Suède

Décédé
1778, Uppsala, Suède

La contribution de **Linné** à la taxonomie va bien plus loin que les noms scientifiques des plantes et des animaux. Il a développé un système de classification dont les regroupements sous-tendent de nombreux aspects de la biologie.

Claude Bernard

Lancer l'usage de la recherche médicale

Né
1813, Saint-Julien-en-Beaujolais, France

Décédé
1878, Paris, France

Claude Bernard a étudié la médecine à Paris, obtenant son diplôme en 1843. Préparateur de François Magendie, chef de file de la recherche en physiologie au Collège de France, doué d'une grande dextérité manuelle, abordant les expériences avec une solide base théorique scientifique, Bernard a développé de nouvelles techniques et approches de l'expérimentation animale.

Bernard prônait l'existence du « milieu intérieur » du corps. Selon lui, le corps crée son propre environnement interne où, lorsqu'ils sont en bonne santé, les fluides, les cellules et les organes travaillent en harmonie les uns avec les autres. En cas de maladie, cet équilibre est perturbé.

En 1848, l'une des grandes découvertes de Bernard a montré que le pancréas sécrétait des enzymes décomposant les graisses, les protéines et les hydrates de carbone. D'autres expériences sur le système digestif ont montré la présence d'une enzyme dans les sucs gastriques et la transformation des hydrates de carbone en sucres simples avant leur absorption par l'appareil gastro-intestinal.

Bernard a effectué aussi un travail important en toxicologie, étudiant le curare, poison utilisé par les tribus indiennes d'Amérique du Sud, provoquant une paralysie générale de la jonction neuro-musculaire. Bernard a utilisé cette étude, ainsi que des études similaires sur le monoxyde de carbone et l'opium, pour mettre en évidence l'action des toxines et des médicaments cible des points spécifiques du corps. Grâce à des expériences sur des animaux effectuées en 1852 et 1853, il a découvert les nerfs vasomoteurs, capables de contracter ou de dilater les vaisseaux sanguins, jouant de ce fait un rôle important pour la régulation de la température du corps. Le plus notable livre de Claude Bernard, *Introduction à l'étude de la médecine expérimentale*, a été publié en 1865.

En 1854, une chaire de physiologie expérimentale a été créée pour lui à la Sorbonne. En 1855, Bernard a remplacé Magendie au Collège de France comme professeur de physiologie expérimentale. Bernard a reçu le prix de l'Académie des sciences pour son travail sur le système nerveux, puis a été élu membre de l'Académie française. À sa mort suite à une affection rénale, Bernard a eu droit à des obsèques nationales.

Plus intéressé par la recherche médicale que par la pratique de la médecine, **Claude Bernard** pensait que la physiologie, la pathologie et la pharmacologie étaient étroitement liées et que les trois devaient être considérées à égalité avec la physique et la chimie.

Karl Landsteiner

Comprendre les groupes sanguins

Prendre le sang d'une personne et le transfuser à une autre semble un processus relativement simple, mais lors des premiers essais les receveurs montraient souvent de terribles réactions. Lorsque le travail scientifique de Karl Landsteiner a déchiffré les mécanismes permettant les transfusions sans danger, il a aussi ouvert la voie au développement de la transplantation d'organes.

Le sang est composé de plusieurs types différents de cellules. Les globules rouges transportent l'oxygène des poumons aux tissus et le dioxyde de carbone des tissus aux poumons, les globules blancs combattent les infections, les plaquettes contribuent à la coagulation du sang. Toutes ces cellules flottent dans le plasma. Si le sang est laissé se coaguler, le plasma devient du sérum – liquide aux propriétés légèrement différentes du plasma en raison des facteurs de coagulation.

En 1900, Landsteiner a étudié la manière dont le sang réagissait lorsqu'il était mélangé. Parfois, le mélange du sérum d'une personne au sang pris à une autre provoquait une agglutination des globules rouges. Landsteiner est arrivé à la conclusion que le sang se partageait en trois groupes, qu'il a appelés initialement A, B et C. Une année plus tard, l'un des disciples de Landsteiner avait découvert un quatrième groupe – des personnes dont le sérum n'agglutinait pas les globules rouges des individus du groupe A ou B. Il a appelé ce groupe O. Cette découverte a abouti au premier système de classement ABO des groupes sanguins.

Cette agglutination prend place parce que le plasma contient de grandes molécules, les antigènes, s'attaquant aux protéines – bactéries, virus, mais aussi globules rouges transfusés. Alors que les personnes du groupe A présentent toutes la même variante de cette protéine, celles du groupe B ont une variante différente. Si du sang du groupe B est transfusé à une personne du groupe A, les antigènes du receveur se fixent sur ces protéines nouvellement arrivées et déclenchent une réaction qui détruit la cellule. Le sang des personnes du groupe O n'a aucun de ces marqueurs protéiniques, en faisant des donneurs universels – leur sang peut être transfusé à tout le monde. Cette extraordinaire découverte a fait de Landsteiner le père de la transfusion, en plus de permettre de réaliser des transplantations d'organes.

Landsteiner a reçu le prix Nobel de médecine en 1930.

Né
1868, Vienne, Autriche

Décédé
1943, New York, États-Unis

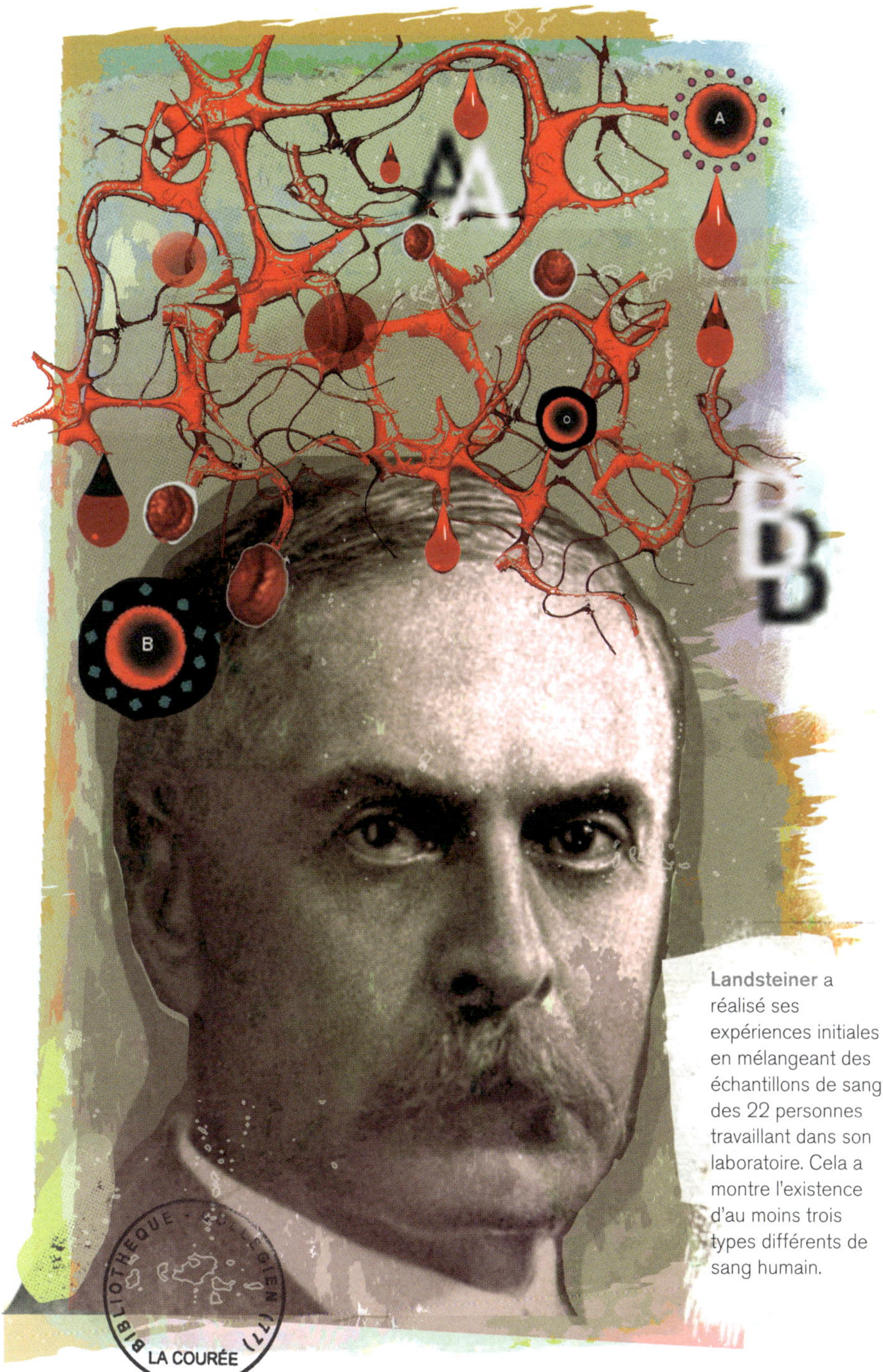

Landsteiner a réalisé ses expériences initiales en mélangeant des échantillons de sang des 22 personnes travaillant dans son laboratoire. Cela a montre l'existence d'au moins trois types différents de sang humain.

Carl Djerassi
Donner naissance à la pilule

Dans les années 1920, Ludwig Haberlandt (1885-1932), professeur de physiologie autrichien, a découvert qu'une substance chimique sécrétée par les ovaires pouvait empêcher la grossesse. Cette substance, l'hormone progestérone, produite en grandes quantités par les ovaires, était difficile à purifier à partir de sources naturelles ou à synthétiser. Même disponible en cachets, elle était mal absorbée par le corps.

La solution est venue d'une espèce non comestible d'igname d'Amérique du Sud lorsqu'un chercheur du Pennsylvania State College a découvert que cette plante produit de vastes quantités de diosgénine, facilement transformée en progestérone. Le chimiste autrichien Carl Djerassi a réussi à synthétiser diverses hormones à partir de diosgénine. En 1951, travaillant avec le jeune chimiste mexicain Luis Miramontes, Djerassi a synthétisé la 19-nor-17alpha-éthynyl-testostérone, la noréthistérone. Prise en cachet, cette hormone stéroïdienne était bien absorbée et présentait toutes les propriétés de la progestérone.

Pour Djerassi et ses collègues, cette substance devait aider les femmes présentant des troubles menstruels. Son effet est cependant devenu clair lorsqu'un groupe de chercheurs médicaux de Porto Rico et d'Haïti a réalisé un essai clinique en 1956 sur 6 000 femmes. Quand cet essai a montré que la noréthistérone contrôlait la conception, le monde a compris qu'un médicament capable de donner aux femmes le contrôle sur leur reproduction était enfin là.

Peu de temps après, la « pilule contraceptive » est née. Même s'il n'est pas réaliste de dire que la noréthistérone a conduit à la révolution sexuelle, il est tout aussi peu réaliste de dire que la révolution sexuelle serait apparue à une allure identique en son absence. La pilule a apporté des changements indiscutables au statut économique et social des femmes et a amélioré incontestablement leur santé en réduisant le nombre de grossesses et de fausses couches, ainsi que l'apparition des cancers de l'appareil de reproduction.

Né
1923, Vienne,
Autriche

Lorsque **Djerassi** et ses collègues ont développé la noréthistérone, ils la tenaient pour un composé qui allait transformer le monde. Aujourd'hui, des millions de femmes prennent la pilule tous les jours.

1750

1800

1850

1855

1860

1865

1870

1880

1890

1920

1930

1940

1945

1950

1955

Edward Jenner *A Inquiry Into the Causes and Effects of the Variolæ Vaccinæ* (*Recherches sur les causes et les effets de la variolæ vaccinæ*) (1798)

Charles Darwin *On the Origin of Species* (*L'origine des espèces*) (1859)

Rudolf Virchow *Vorlesungen über Cellularpathologie in ihrer Begründung auf physiologischer und pathologischer Gewebelehre* (*La pathologie cellulaire basée sur l'étude physiologique et pathologique des tissus*) (1859)

Gregor Mendel *Verhandlungen des naturforschenden Vereins Brünn* (*Travaux de la Société d'histoire naturelle de Brünn*) (1866)

Robert Koch « *Untersuchungen über Bakterien : V. Die Ätiologie der Milzbrand-Krankheit, begründet auf die Entwicklungsgeschichte des Bacillus anthracis* » (*Investigations sur les bactéries : V. L'étiologie du charbon, basé sur l'ontogenèse de* Bacillus anthracis) (1876)

Louis Pasteur *Le traitement de la rage* (1886)

Alexander Fleming *On the antibacterial action of cultures of a penicillium, with special reference to their use in the isolation of B. influenzae* (*Sur l'action antibactérienne des cultures de pénicilline*) (1929)

Barbara McClintock « The Stability of Broken Ends of Chromosomes in Zea Mays » (*La stabilité des extrémités brisées des chromosomes de* Zea mays) (1941)

Oswald Avery « Studies on the Chemical Nature of the Substance Inducing Transformation of Pneumococcal Types » (*Recherches sur la nature chimique de la substance induisant la transformation des types de pneumocoques*) (1944)

Crick et Watson « Molecular structure of Nucleic Acids : A Structure for Deoxyribose Nucleic Acid » (*Structure moléculaire des acides nucléiques*) (1953)

Génétique et microbiologie

Le domaine biologique de l'infinitésimal petit n'est qu'un développement récent dans l'histoire de la science, mais les découvertes faites par les hommes de science étudiant la microbiologie et la génétique ont induit certaines des plus grandes avancées quant à la santé, en plus de permettre de mieux comprendre la vie même.

Évolution

Le célèbre livre de Charles Darwin, *L'Origine des espèces,* n'est qu'une étape de la longue chaîne d'événements ayant marqué les tentatives de l'humanité de comprendre le monde biologique.

Dans la Grèce antique, Aristote (384-322 AV. J.-C.) et son disciple Théophraste (devenu par la suite le père de la botanique) ont réalisé qu'ils pouvaient classer les plantes et les animaux par groupes en comparant leurs caractéristiques physiques. Cette notion a accompagné la réalisation que, dans l'ensemble, les plantes et les animaux ne pouvaient produire une progéniture qu'en s'accouplant avec des individus similaires – autrement dit, des membres de la même espèce.

Pendant plus de deux mille ans, la raison de ce fait a semblé évidente. Dieu ou une quelconque influence créative, avait généré toutes les espèces présentes sur Terre et créé des frontières biologiques assurant que les espèces ne se mélangent pas.

À l'époque où Charles Darwin (1809-1882) s'était embarqué sur le HMS Beagle parti vers l'ouest explorer l'Amérique du Sud et les îles Galapagos, on commençait déjà à douter de cette idée statique de l'existence biologique. Charles Lyell (1779-1875) a montré que la structure de la Terre indiquait un âge se chiffrant en millions d'années, suscitant des questions quant aux changements significatifs au fil de cette période.

Le 24 novembre 1859, lorsque Darwin a publié son livre majeur, la science a fait un énorme bond dans l'inconnu – qui sous-tend une bonne partie de la pensée biologique actuelle. Le titre complet de son livre est *L'origine des espèces au moyen de la sélection naturelle ou la préservation des races favorisées dans la lutte pour la vie.* En étudiant une large gamme de plantes et d'animaux, ainsi que leur habitat. Darwin a conclu que les animaux le mieux adaptés à leur environnement sont les plus susceptibles de se reproduire et de transmettre leurs caractéristiques à la génération suivante. Il

Nous pouvons admettre que les lunes, les planètes, les soleils, l'univers ou plutôt tous les systèmes des univers soient gouvernés par des lois, mais nous voulons que le plus petit insecte soit créé immédiatement par un acte spécial.

Charles Darwin

suggérait qu'en disposant d'assez de temps, ce processus de changement progressif générait des individus si différents de leurs ancêtres qu'ils ne pouvaient plus se reproduire avec des membres non évolué de leur espèce. Autrement dit, leur développement était tel qu'ils constituaient une nouvelle espèce.

À l'époque de Darwin, nul ne connaissait l'existence de l'ADN ou des gènes, si bien que le mécanisme permettant le passage des informations d'une génération à la suivante restait mystérieux. Pourtant, le moine morave Gregor Mendel a démontré que les caractéristiques physiques sont transmises par des unités distinctes d'informations – les « gènes » – et a compris certaines des règles mathématiques et statistiques décrivant la manière dont ce processus prend place.

L'arrivée de la technologie génétique a révélé maintenant les détails de ces mécanismes. Le fait que la plupart des organismes vivants partagent des gènes basiques similaires indique l'existence d'ancêtres communs. L'analyse des différences de ces gènes signale quelles espèces ont évolué à partir desquelles. Darwin serait fasciné.

Edward Jenner
Découvrir la vaccination

Né
1749, Berkeley, Angleterre

Décédé
1823, Berkeley, Angleterre

Au XVIIIe siècle, nul ne connaissait l'existence des virus et des bactéries, mais tout le monde connaissait la variole. Cette maladie suscitait des symptômes pareils à ceux de la grippe, suivis par une éruption sur tout le corps de la personne infectée, se transformant en vésicules remplies de pus. Beaucoup développaient des infections rénales et pulmonaires avant de mourir.

La seule immunité connue était de survivre à la variole. En Chine, les médecins administraient délibérément de petites doses de la maladie en soufflant dans les narines de leurs patients de la poudre moulue de croûtes de variole ou de puces s'étant nourries sur des vaches souffrant de vaccine. L'idée a lentement gagné l'Occident. Au début des années 1700, lors d'un voyage en Turquie, Lady Mary Wortley Montague a vu des femmes de la cour Ottomane pratiquer de petites incisions sur les bras des enfants et les saupoudrer de croûtes de variole. Impressionnée par l'idée, elle a fait traiter ses jeunes enfants de cette manière. Bien que la technique ait connu des succès, elle n'était pas parfaite, car une personne sur cinquante décédait suite à ce genre de traitement.

On pensait généralement que les trayeuses étaient protégées de la maladie, car celles ayant attrapé la vaccine ne succombaient plus à la variole. Le 14 mai 1796, Edward Jenner a procédé à une expérience capitale, bien que terriblement risquée. Il a pratiqué deux égratignures d'un centimètre sur le bras d'un garçon de 8 ans et les a enduites d'une croûte de vaccine provenant des mains d'une trayeuse locale, Sarah Nelmes. Six semaines plus tard, Jenner a exposé le garçon à la variole, prouvant son immunité.

Les virus causant la vaccine et la variole sont remarquablement similaires. Exposé au virus de la vaccine, le système immunitaire développe des molécules capables de combattre celui-ci. Ces mêmes molécules sont aussi capables de combattre le virus de la variole, si bien que la personne développe une résistance aux deux maladies. La vaccination était arrivée.

Vers 1800, quelque 100 000 personnes avaient été vaccinées contre la variole dans le monde. Au XXe siècle, l'Organisation mondiale de la santé a fait un grand effort pour éradiquer cette maladie. Le 27 octobre 1977, Ali Maow Maalin, cuisinier âgé de 23 ans de l'hôpital d'un petit village de Somalie, Merka, a été le dernier à avoir attrapé la variole. Dans le reste du monde, la variole est devenue de l'histoire.

Père de l'immunologie, **Jenner** a été le pionnier de la vaccination. Le terme vient de ses expériences avec le virus de la vaccine, du latin *vacca*, « vache ».

Charles Darwin
Développer la théorie de l'évolution

Lorsque Charles Darwin a conclu que de nouvelles espèces ont évolué à partir d'anciennes par un processus de sélection naturelle, sa théorie de l'évolution a pris le contre-pied du monde de la biologie et de la théologie.

En 1831, Darwin s'est embarqué sur le HMS *Beagle* commandé par le capitaine Robert FitzRoy (1805-1865) âgé de 26 ans. Au cours du voyage, ils ont visité les îles du Cap-Vert, la côte de l'Amérique du Sud, le détroit de Magellan, les îles Galapagos, Tahiti, la Nouvelle-Zélande, l'Australie, les Maldives et l'île Maurice avant de revenir en Angleterre en 1833.

Pendant le voyage, Darwin a lu les *Principes de géologie* de Charles Lyell (1797-1875), qui prônait que le monde avait été façonné et refaçonné par les forces géologiques, hypothèse allant à l'encontre de l'idée admise – le monde avait été créé il y a longtemps et n'avait changé qu'occasionnellement suite à des événements majeurs comme le déluge.

En Amérique du Sud, Darwin a découvert des traces fossiles semblant indiquer la progression des formes de vie de simples à complexes. De plus, le 20 février 1835, Darwin a été présent lors d'un séisme sur la côte sud-ouest de l'Amérique du Sud, qui a soulevé le sol d'un à trois mètres. Par la suite, découvrant des coquillages fossilisés dans les montagnes, il s'est demandé si les nombreux séismes précédents les avaient portés là, ce qui étayait la théorie de Lyell selon laquelle la Terre changeait constamment.

Entre septembre et octobre 1835, Darwin a visité les îles Galapagos, qui, pour autant qu'il le savait, s'étaient formées suite à un volcanisme assez récent. Il a donc été surpris par la variété de la vie présente sur les îles et, en particulier, par la diversité des espèces de fringillidés, chacune ayant un bec de forme différente.

Darwin a conclu que les différentes espèces s'étaient développées suite à un processus progressif d'évolution et présenté sa théorie à la Linnean Society de Londres le 1er juillet 1858. L'année suivante, il a publié *L'Origine des espèces*, le livre probablement le plus influent de l'histoire de la science.

Né
1809, Shrewsbury, Angleterre

Décédé
1882, Downe, Angleterre

Lors de son voyage historique dans les îles Galapagos, **Darwin** a observé que le bec de différentes espèces de fringillidés est extrêmement spécialisé en fonction de la nourriture disponible sur chaque île – pour lui, un résultat de la sélection naturelle.

Rudolf Virchow
Fonder la pathologie cellulaire

Né
1821, Schivelbein, Poméranie (maintenant Allemagne)

Décédé
1902, Berlin, Allemagne

Peu convaincu par la « théorie des germes » avancée par son contemporain Louis Pasteur, Rudolf Virchow pensait que la maladie venait de l'intérieur du corps, pas des agents infectieux externes. En 1858, il a publié sa théorie de la pathologie cellulaire, où il affirmait que la cellule était l'unité basique de la vie, capable de s'auto-reproduire. Vision radicale pour son époque, elle allait à l'encontre de l'idée populaire selon laquelle la vie était apparue spontanément.

Virchow a étudié la médecine à Berlin et obtenu un poste à l'hôpital de la Charité, le meilleur de la ville. Après avoir été professeur d'anatomie pathologique à Würzburg, il est revenu en 1856 à l'université de Berlin pour occuper un poste créé pour lui à l'Institut de pathologie.

En utilisant les développements faits par la microscopie à son époque – comme la coloration des tissus et des cellules et le microtome, qui découpe des lamelles très fines de tissu – Virchow a fait avancer l'étude de la pathologie. En 1845, il a décrit la leucémie, type de cancer du sang. Il a été par ailleurs l'un des premiers à étudier l'inflammation, l'embolie et la thrombose (ces deux derniers étant des formations anormales de caillots de sang) au niveau cellulaire, en plus de prôner l'idée qu'une thrombose veineuse (un caillot de sang – thrombus – se formant dans une veine) dans la jambe risquait d'éclater et d'arriver aux poumons, suscitant une embolie potentiellement fatale.

Virchow a été grandement influencé par le travail de Mathias Schleiden (1804-1881) et de Théodore Schwann (1810-1882), biologistes allemands ayant étudié l'importance biologique et moléculaire de la cellule. Pour Schleiden, les plantes étaient formées de cellules. Schwann a découvert que les cellules étaient les composantes de base de tous les tissus animaux qu'il étudiait. Leurs recherches ont convaincu Virchow que la maladie débutait dans les cellules.

Selon lui, la maladie et ses symptômes résultaient soit d'une altération des cellules, soit de la réaction des cellules à un stimulus. Son travail a mis en évidence la base cellulaire du cancer : la multiplication d'une cellule anormale formant une tumeur.

Virchow a par ailleurs influencé la santé publique en Allemagne, persuadé qu'un médecin devait être le véhicule de la réforme sociale. Membre du conseil municipal de Berlin, il avait donné des conseils sur nombre de questions, dont l'évacuation des eaux usées, l'hygiène scolaire et l'inspection des viandes.

Le travail de **Virchow** sur les bases cellulaires de la maladie a montré que les globules blancs endommagés sont d'habitude éliminés par le corps lors d'un processus, l'apoptose. Les cellules cancéreuses s'évadent de ce système et se multiplient librement.

Gregor Mendel
Comprendre la génétique

Bien qu'ayant vécu à la même époque, Gregor Mendel et Charles Darwin ne se sont jamais rencontrés. Alors que Darwin développait une théorie de l'évolution, Mendel prouvait statistiquement la transmission des caractéristiques physiques d'une génération à la suivante dans les règnes animal et végétal.

À partir de la simple observation du bétail et des cultures, on savait que les rejetons des plantes ou des animaux montraient des mélanges des caractéristiques physiques de leurs parents. Dans son premier article, *Expériences sur l'hybridation des plantes*, Mendel écrit qu'il voulait découvrir une « loi généralement applicable de la formation et du développement des hybrides ».

Il y décrit son expérience avec un type de petit pois, *Pisum sativum*. Cette plante présente de nombreuses variantes. Cultivée isolement, elle produit des rejetons identiques, cultivée pour produire des hybrides, elle donne des résultats plus complexes. Le croisement d'une plante produisant des pois lisses avec une plante produisant des pois ridés aboutit à des rejetons lisses. Lorsque cette seconde génération est croisée, certaines des nouvelles plantes produisent des pois lisses, d'autres des pois ridés. Curieusement, le ratio est presque exactement de trois plantes donnant des pois lisses pour une plante donnant des poids ridés. S'intéressant aussi à la manière dont les couleurs sont transmises d'une génération à la suivante, il a constaté que la même règle s'appliquait.

Il fallait du génie pour saisir la signification de ces résultats. Mendel a réalisé que de tels phénomènes ne peuvent survenir que si trois choses se produisent au cours du processus de reproduction : les caractéristiques doivent être passées d'une génération à un autre par un « élément » physique – appelé actuellement « gène » –, chaque caractéristique doit être inscrite dans les cellules sur une paire de ces éléments et certaines caractéristiques sont dominantes.

Mendel, certain d'avoir fait une importante découverte, a été déçu. La reconnaissance est arrivée quelques années après sa mort, en 1900, lorsque trois hommes de science, le Néerlandais Hugo de Vries (1848-1935), l'Allemand Carl Correns (1864-1933) et l'Autrichien Erik von Tschermak (1871-1962), ont redécouvert ses travaux indépendamment et reconnu Mendel comme leur découvreur.

Né
1822, Heinzendorf, Autriche

Décédé
1884, Brünn, Empire austro-hongrois [maintenant Brno, République Tchèque]

Mendel a cultivé environ 28 000 plants de petits pois dans sa quête de la loi régissant la formation et le développement des hybrides. Ce faisant, il a établi que toute caractéristique physique de la plante est héritée séparément : une première percée de la génétique.

Louis Pasteur
Découvrir les germes

En travaillant sur la chimie et les propriétés optiques des molécules asymétriques, Pasteur est arrivé à la conclusion que beaucoup de molécules existent sous deux formes, images inversées l'une de l'autre ; si elles sont le résultat d'un processus biologique, seule une de ces formes est présente. Si les deux formes sont présentes, elles ont été générées par un processus physique. L'asymétrie différencie le monde organique du monde minéral. Autrement dit, les molécules asymétriques sont toujours le produit des forces de vie.

Cette découverte a trouvé une utilisation inattendue pour résoudre un problème de fermentation, processus tenu à l'époque pour prendre place lors de la mise en réaction des ingrédients appropriés : le sucre se décomposait en alcool suite à des vibrations déstabilisantes inhérentes. Les cellules de levure présentes dans le vin ne semblaient pas intervenir dans le processus, mais parfois on obtenait de l'acide lactique à la place de l'alcool.

Pasteur a découvert que les cristaux d'acide lactique ne présentaient qu'un seul type et conclu, correctement, qu'ils avaient été créés par des organismes vivants. Il a noté que les cellules rondes de levure généraient de l'alcool, l'acide lactique étant produit par de petits micro-organismes pareils à des bâtonnets (les bactéries). Ces recherches ont conduit Pasteur à réaliser que les « germes » microscopiques ont un impact significatif sur la vie et que la « génération spontanée » des microbes n'existait pas. Il a conçu une méthode de conservation des bières, la « pasteurisation ».

Pasteur a été consulté aussi pour des problèmes de l'industrie française de la soie, qu'il a résolus en conseillant des conditions de température, humidité, ventilation et qualité de nourriture, ainsi que des techniques maintenant les vers à soie nouvellement éclos loin des autres.

Cela aurait déjà inscrit Pasteur dans les livres d'histoire. Ce fut cependant sa découverte que beaucoup de maladies, dont le choléra, la diphtérie, la scarlatine, la syphilis et la variole, sont causées par des agents microbiologiques – germes – qui lui a assuré une place dans l'histoire.

En 1851, Pasteur a débuté ses recherches sur la rage, aboutissant à un vaccin qui a sauvé des millions de gens. En 1888, il a pris la tête de l'Institut Pasteur, devenu l'un des grands centres de production de vaccins et de sérums. La médecine, l'obstétrique, l'immunologie, la chimie, entre autres, ont été transformées par ses découvertes.

Né
1822, Dole, France

Décédé
1895, Saint-Cloud, France

Pasteur a montré qu'en injectant des bactéries chauffées, il immunisait contre la maladie causée par les bactéries actives. Ce faisant, il a inventé la vaccination moderne et a induit une énorme avancée dans le combat contre la maladie.

Robert Koch
Lier les bactéries à la maladie

Fils d'un ingénieur mineur, Robert Koch a toujours aimé la biologie. En étudiant la maladie du charbon, il a démontré en premier que des bactéries spécifiques causaient des maladies spécifiques.

Influencé par Jacob Henle (1809-1885), professeur d'anatomie persuadé que des organismes parasitaires vivants causaient les maladies infectieuses, Koch a installé un petit laboratoire et a commencé à étudier le charbon, maladie faisant rage parmi le bétail de sa région. Il pensait que ce problème était associé à un type de bactérie récemment découvert.

Prenant des éclats de bois, il les a enfoncés dans la rate d'animaux morts de charbon, puis en a piqué des souris, qui sont aussi mortes suite à l'infection. Les souris piquées avec des éclats de bois couverts de sang d'animaux sains n'ont pas été affectées. Clairement, quelque chose dans le sang infecté transmettait la maladie.

S'agissait-il de bactéries ou de quelque chose d'autre ? Pour trouver la réponse à cette question, Koch a développé des mises en culture des bactéries, constatant que même à plusieurs générations de distance, les bactéries provenant d'un animal infecté causaient la maladie. Ces résultats confirmaient que les bactéries étaient les agents pathogènes.

La reconnaissance de la communauté scientifique a assuré à Koch un laboratoire à Berlin, où il a conçu la méthode de culture des bactéries sur des pommes de terre et de la gélose dans une boîte de Pétri. Ses études ont déterminé quatre caractéristiques d'un micro-organisme pathogène (« postulats de Koch ») :

1. *Le micro-organisme doit être présent dans tous les organismes malades et absent des organismes sains.*
2. *Le micro-organisme doit être cultivé en culture pure à l'extérieur de l'organisme malade.*
3. *Un organisme sain inoculé avec cette culture pure doit développer la maladie avec tous ses symptômes.*
4. *Le mico-organisme isolé de cet organisme doit être identique à celui précédemment isolé.*

À mesure de l'avancée de ses travaux, Koch a voyagé dans le monde entier, étudiant les maladies de diverses régions de l'Europe et de l'Afrique. À sa mort, la maladie infectieuse avait perdu une partie de son mystère et était devenue la cible de la recherche scientifique. Son nom reste lié à la découverte du bacille de la tuberculose, pour laquelle il a reçu le prix Nobel de médecine en 1905.

Né
1843, Clausthal, Allemagne

Décédé
1910, Baden-Baden, Allemagne

Koch a réalisé des expériences contrôlées en utilisant des boîtes de Pétri pour prouver que les bactéries sont indubitablement la cause de certaines maladies.

Oswald Avery

Identifier le principe de transformation

Oswald Avery a été l'un des premiers biologistes moléculaires à suggérer que l'ADN joue un rôle significatif pour le « principe de transformation », qui permet aux bactéries mortes de passer leurs propriétés virulentes aux bactéries vivantes. Ses recherches ont suscité un grand intérêt pour l'ADN et ont permis de découvrir qu'il véhicule le « schéma de la vie » pour tous les organismes vivants.

Le véritable intérêt d'Avery concernait plutôt la microbiologie, surtout les bactéries responsables de la tuberculose et de la pneumonie, après les découvertes faites en 1928 par Fred Griffith, microbiologiste londonien. Griffith travaillait avec les pneumocoques, les bacilles provoquant la pneumonie, identifiant deux types, « rugueux » et « lisses », nommés d'après l'aspect de leurs colonies cultivées sur de l'agar-agar. Alors que les bactéries rugueuses étaient inoffensives, celles lisses étaient virulentes ; une « armure » d'hydrates de carbone leur permettait d'esquiver le système immunitaire, donc de provoquer la maladie. Lorsque Griffith a mélangé pneumocoques rugueux et pneumocoques lisses morts et injecté la combinaison à des souris de laboratoire, il a constaté que celle-ci était létale. Quelque chose, qu'il nommait « principe de transformation », transmettait les propriétés virulentes des bactéries mortes à celles vivantes.

Avery a passé des années sur des mélanges expérimentaux à tenter de déterminer l'identité chimique du principe de transformation. Pour y parvenir, il a utilisé des enzymes décomposant les divers éléments de la cellule. Si une enzyme éliminait un élément de la cellule en laissant subsister sa propriété transformative, cet élément-là était écarté. Dans les années 1940, on savait que les chromosomes véhiculent l'information génétique, « schéma » des caractéristiques biochimiques et physiques d'un organisme. Dans les grandes lignes, les chromosomes sont composés à moitié de protéines, à moitié d'acide désoxyribonucléique (ADN). À l'époque, les biochimistes considéraient la partie protéinique comme la plus significative, car elle est plus complexe que l'ADN.

En 1944, Avery et ses collègues, Colin McLeod et Maclyn Macarty, ont annoncé que l'ADN était le célèbre principe de transformation. Les scientifiques ont découvert par la suite que l'ADN est la base de tous les gènes, portant le schéma de vie de tous les organismes, des bactéries à l'homme.

Né
1877, Halifax, Canada

Décédé
1955, Nashville, États-Unis

Avery a découvert que l'ADN est le porteur de l'information génétique, percée révolutionnaire ayant pavé la voie de la génétique moderne.

Alexander Fleming
Découvrir la pénicilline

À l'époque de la naissance d'Alexander Fleming, les bactéries provoquant les maladies avaient un pouvoir terrifiant simplement parce que les traitements médicaux étaient pour le moins incertains. Une simple égratignure d'un rosier pouvait tuer. Fleming a commencé à chercher des substances susceptibles de détruire les bactéries sans nuire aux tissus animaux.

Fleming a fait ses études de médecine à la St Mary's Medical School de Londres, avant de travailler avec le pionnier de la vaccination Almroth Wright (1861-1947). Les espoirs de trouver des remèdes chimiques pour les maladies ont été étayés en 1909, lorsque Paul Ehrlich a découvert après l'essai de centaines de substances, un médicament traitant la syphilis, le Salvarsan. Fleming est rapidement devenu l'un des rares médecins de Londres à le prescrire.

Les recherches de Fleming l'ont conduit à découvrir que les larmes contiennent du lysozyme, molécule décomposant les substances chimiques s'attachant aux parois cellulaires de certaines bactéries, faisant éclater celles-ci. En 1928, en travaillant sur le virus de la grippe, il a remarqué par hasard qu'une moisissure dans des boîtes de Pétri mises au rebut était entourée d'une zone dépourvue de bactéries. Se demandant si cette moisissure produisait une substance détruisant les bactéries, il a analysé un échantillon et découvert qu'il s'agissait d'un membre de la famille des *Penicillium*.

La substance sécrétée inhibait une étape particulière du processus biochimique de constitution des parois cellulaires de beaucoup de bactéries. En l'absence de cette étape particulière, certaines bactéries éclatent en grandissant. Tuant activement les bactéries, la pénicilline est un agent bactéricide.

Bien que Fleming ait découvert la substance chimique, le Néo-zélandais Howard Walter Florey (1898-1968) et une équipe incluant le chimiste Ernst Boris Chain (1906-1976) ont réussi à extraire la pénicilline et à montrer que c'était un traitement prometteur seulement au cours de la Deuxième Guerre mondiale.

Né
1881, Lochfield, Écosse

Décédé
1955, Londres, Angleterre

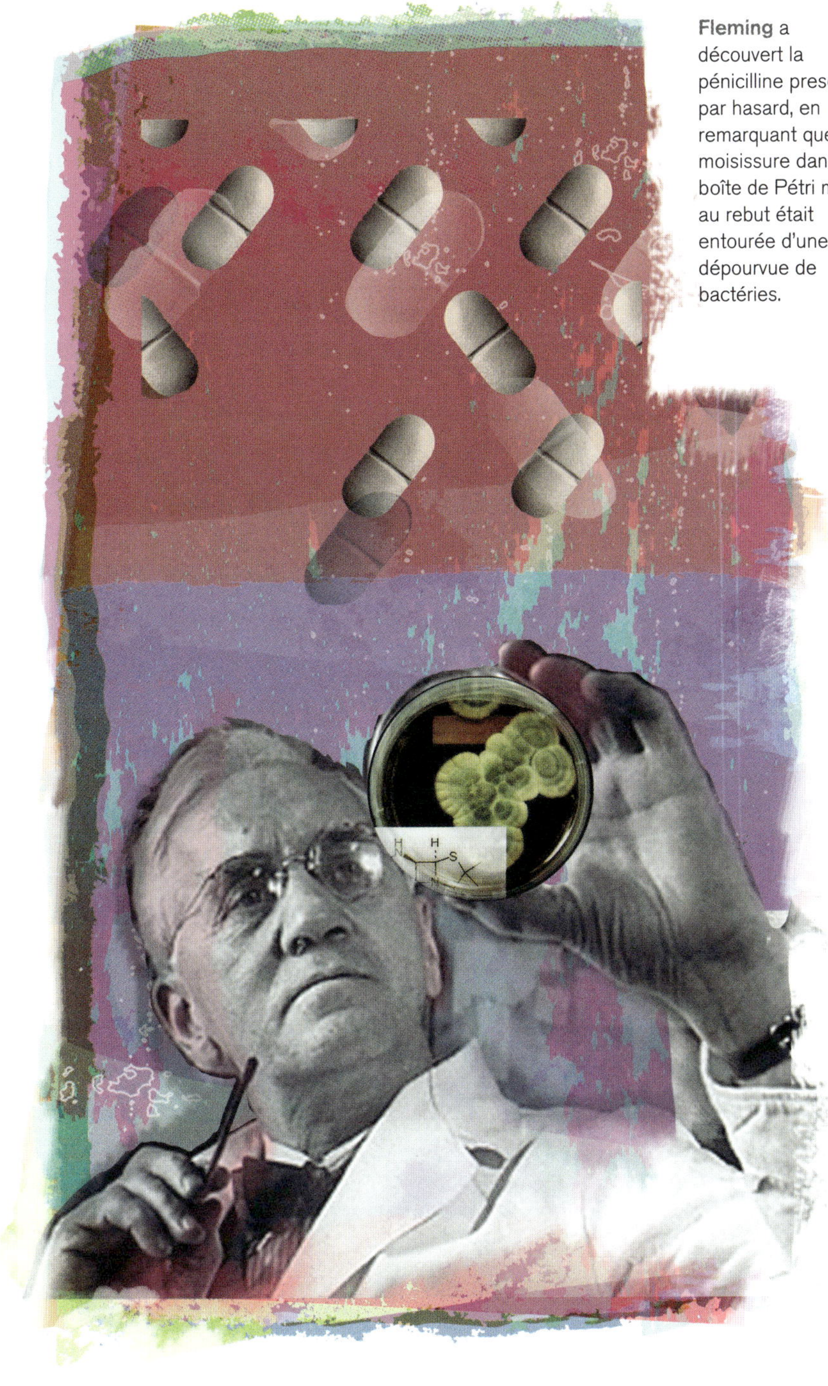

Fleming a découvert la pénicilline presque par hasard, en remarquant que la moisissure dans une boîte de Pétri mise au rebut était entourée d'une zone dépourvue de bactéries.

Barbara McClintock
Découvrir le mouvement des gènes

Née
1902, Hartford, États-Unis

Décédée
1992, Huntington, New York, États-Unis

Pour certains hommes de science du début du XIXe siècle, des traits tels que la couleur d'une fleur ou la forme d'un petit pois sont hérités séparément, car durant la division cellulaire générant du pollen et des graines, des parties des divers chromosomes se détachent et changent mutuellement de place. À l'époque, aucune preuve n'étayait cette théorie.

En 1927, Barbara McClintock a commencé à travailler avec Harriet Creighton (1909-2004) à l'université de Cornell de New York sur l'identification des dix chromosomes présents chez le maïs. En travaillant avec le *Zea mays*, dont le chromosome numéro neuf a muté, les deux chercheuses ont montré que des parties du chromosome changent effectivement de place au cours du processus générant les cellules reproductrices.

En travaillant avec Lewis Stadler (1869-1954) à l'université du Missouri, Barbara McClintock a étudié le maïs exposé aux rayons X. Examinant les cellules au microscope, elle a identifié des chromosomes en anneau, qui se forment lorsque le bout d'un chromosome fusionne à lui-même après un dommage dû à la radiation. Étendant ses recherches sur les effets des rayons X, McClintock a fait une découverte clé en cytogénétique : le cycle rupture-fusion-pontage.

Installée à Cold Spring Harbor, elle a continué ses travaux sur le cycle rupture-fusion-pontage et découvert un comportement génétique bizarre. Certains gènes pouvaient changer de position sur le chromosome durant le développement de l'épi de maïs. Lorsqu'elle a présenté ces données en 1951, ses résultats ont été accueillis par le silence et la dérision. Comme elle le disait en 1983 dans son discours de réception de son prix Nobel de physiologie ou médecine, « Comme je me suis intéressée à la génétique seulement il y a 21 ans après la redécouverte, en 1900, des principes de l'hérédité de Mendel… l'acceptation de ces principes n'était pas générale parmi les biologistes. »

Beaucoup de scientifiques étaient encore persuadés que la fonction d'un gène dépendait de sa position sur le chromosome. Si cela avait été le cas, les gènes n'auraient pas pu se déplacer ou auraient cessé de fonctionner. Les données de Barbara McClintock n'ont de sens que si les gènes sont capables de se déplacer sans cesser de fonctionner. Le temps a prouvé qu'elle avait raison – sa théorie de la nature des gènes sous-tend la génétique actuelle.

McClintock a développé la théorie affirmant que les gènes peuvent se détacher et se déplacer dans les chromosomes. Ce concept a mis la génétique sur une nouvelle voie.

Crick et Watson

Dévoiler la structure de l'ADN

Lorsqu'ils se sont rencontrés à Cambridge (Angleterre) en 1951, Francis Crick et James Watson partageaient une même curiosité : comment pénétrer la structure de l'acide désoxyribonucléique (ADN).

À l'époque, les hommes de science étaient certains que l'information concernant la structure d'un organisme est stockée dans le noyau cellulaire et passée de cellule à cellule à mesure de la croissance d'un organisme et de parent à rejeton par l'intermédiaire des ovules et du sperme. Les preuves s'accumulaient quant au rôle de l'ADN, mais un mystère fondamental subsistait : comment une molécule pouvait-elle emmagasiner en une cellule plus petite qu'un point assez d'information pour diriger le développement des cellules, des organes, et en fait de l'ensemble d'un organisme ?

Crick et Watson se sont penchés sur la structure de l'ADN. Leur intérêt s'est accru après que Watson a assisté à un séminaire à Londres où la chercheuse Rosalind Franklin avait présenté quelques radiographies aux rayons X de l'ADN montrant sa structure hélicoïdale.

L'analyse chimique de l'ADN a appris à Watson et Crick qu'il est formé de quatre composantes (« bases chimiques ») différentes. Ils ont bâti des modèles à échelle de chaque base, réalisant que ces bases pouvaient constituer des chaînes. À partir de là, ils ont tenté d'aboutir à un arrangement en triple hélice, avec une crête spiralante au milieu, le reste des bases étant dirigé vers l'extérieur.

Ce modèle a échoué, mais en 1953 on a montré à Watson d'autres photographies obtenues par Rosalind Franklin, qui lui ont fait réaliser que le modèle correspondait mieux si l'ADN est une *double* hélice, dont les deux brins vont dans des directions opposées.

Crick et Watson sont arrivés à une conclusion radicale : les deux chaînes sont effectivement des images inversées l'une de l'autre. Chaque chaîne renferme des informations équivalentes. On peut produire une seconde copie en séparant les chaînes et en utilisant chacune comme gabarit. Leurs travaux leur ont valu le prix Nobel de médecine en 1962.

L'âge de la génétique a débuté. Les années suivantes ont vu l'augmentation régulière du nombre de techniques permettant aux scientifiques de comprendre les processus génétiques se déroulant à l'intérieur de toute cellule vivante.

Francis Crick
Né
1916, Northampton, Angleterre
Décédé
2004, San Diego, États-Unis

James Watson
Né
1928, Chicago, États-Unis

Crick et **Watson** ont découvert que la molécule d'ADN ressemble à une échelle en spirale dont les barreaux sont formés de paires de bases. Chaque séquence de paires de bases représente l'information génétique gardée par l'ADN.

Glossaire

Acides aminés : Les composantes des protéines ; le principal matériau des cellules du corps. L'insuline est constituée de 51 acides aminés.

Agar : Matériel gélatineux extrait de certaines algues marines, utilisé comme base de culture des bactéries.

Alchimie : Prédécesseur de la chimie, dont la visée la plus connue était la transmutation de tout métal en or ou argent. Les alchimistes ont aussi tenté de créer une panacée, un remède pour toutes les maladies et une manière de prolonger à l'infini la vie. Un troisième objectif de beaucoup d'alchimistes était la création de la vie humaine.

Algèbre : Domaine des mathématiques utilisant les signes et les lettres pour représenter les nombres.

Big Bang : Théorie cosmologique présumant que l'expansion de l'univers a commencé par une explosion primordiale.

Cancer : Terme général désignant les maladies causées par la croissance anormale et la division excessive des cellules dans le corps.

Charbon : Infection bactérienne causant une maladie grave si la bactérie pénètre à travers la peau, souvent fatale si les bactéries ou leurs spores sont inspirées.

Chromosome : Élément du noyau de la cellule, formé d'une longue molécule d'ADN associée à des protéines, visible au microscope.

Chyle : Liquide riche en lipides provenant de la digestion, circulant dans les canaux lymphatiques (chylifères) de l'intestin grêle au canal thoracique.

Constante cosmologique d'Einstein : Constante artificielle ajoutée par Einstein à ses équations de champ qui stabilisaient l'univers contre l'expansion ou la contraction.

Décalage vers le rouge : La longueur d'onde de la lumière venant des objets distants est légèrement plus rouge que la normale. Ce décalage est causé par l'expansion de l'univers.

Électron : Particule à charge négative orbitant autour du noyau d'un atome.

Enzyme : Protéine ou molécule à base protéinique qui accélère les réactions chimiques dans les organismes vivants.

Gène : Segment d'ADN sur un chromosome renfermant l'information nécessaire à la production d'une protéine particulière.

Glucose : Sucre simple servant de combustible de base au corps, dérivé des hydrates de carbone présents dans l'alimentation.

Hormone : Messager chimique du corps, sécrété par un type de cellule et agissant sur un type différent de cellule.

Levure : Organisme unicellulaire apparaissant naturellement, utilisé pour la fabrication du pain et de la bière.

Masse atomique : Rapport de la masse de l'atome d'un élément chimique au douzième de la masse du carbone 12.

Molécule : Ensemble de deux ou plusieurs atomes joints par des liaisons chimiques.

Prion : Particule infectieuse ne contenant pas de l'ADN ou de l'ARN, consistant seulement en une protéine hydrophobique ; censé être la plus petite particule infectieuse connue transmettant la maladie d'une cellule à une autre et d'un animal à un autre.

Rayonnement électromagnétique : Onde se propageant dans un espace avec des composantes électriques et magnétiques. Le rayonnement électromagnétique désigne aussi les ondes électromagnétiques en général, incluant, par exemple, la lumière passant par une fibre optique. Le rayonnement électromagnétique (EM) véhicule l'énergie et la quantité de mouvement susceptibles d'être transmises lorsqu'il interagit avec la matière.

Résistor : Composante d'un appareil électrique présentant une résistance à la circulation du courant électrique.

Scarlatine : Maladie due à l'infection avec une souche de *Streptococcus*, répandue par les gouttelettes de salive propagées par la toux. Elle véhicule une toxine érythrogénique (induisant l'éruption) causant la desquamation de la peau.

Sérum : Partie fluide, claire et collante du sang subsistant après la coagulation de celui-ci. Le sérum ne contient pas des globules sanguins, des plaquettes ou de fibrinogène.

Thalamus : Partie du cerveau relayant les influx nerveux transportant l'information sensorielle de la moelle épinière au cortex cérébral.

Théorie quantique : Théorie décrivant les lois de la physique s'appliquant à des échelles très infimes. L'énergie, la quantité de mouvement et la vitesse angulaire existent dans des quantités distinctes, les quanta.

Théorie de la relativité restreinte : Théorie d'Einstein ayant détrôné la physique newtonienne en montrant que la vitesse de la lumière est fixe et non relative au mouvement de l'observateur.

Trou noir : Un objet dont la gravité est si élevée que même la lumière est incapable de s'en échapper. Probablement formé lorsque les étoiles massives meurent et leur noyau s'effondre sur lui-même dans une masse superdense.

Virus : Agent infectieux très petit qui se réplique seulement en parasitant les cellules des hôtes vivants.

Index